3DS Max 2016 与 Photoshop CC 建筑设计效果图经典实例

三维书屋工作室

胡仁喜　孟培 等编著

U0235147

机 械 工 业 出 版 社

本书结合 3DS Max 2016 与 Photoshop CC，介绍了各种常见建筑效果图的设计方法。全书共分 7 章，分别介绍了小客厅效果图制作、餐厅效果图制作、办公中心效果图制作、别墅效果图制作、汽车展厅效果图制作、居民小区效果图制作、小区鸟瞰效果图制作设计实例。每个实例都遵循先用 3DS Max 建模，再用 Photoshop 后期处理的步骤，详细地介绍了这些建筑效果图的设计方法。书中实例涵盖全面，既包括民用建筑，又包括公共建筑；既有单体建筑，又有群体建筑。本书是读者学习 3DS Max 与 Photoshop 并从基础走向实践操作的良师益友，也可作为广大建筑设计爱好者的自学教材。

图书在版编目（CIP）数据

3DS Max 2016 与 Photoshop CC 建筑设计效果图经典实例/胡仁喜等编著.
—4 版. —北京：机械工业出版社，2016.10
ISBN 978-7-111-55452-3

Ⅰ. ①3…　　Ⅱ. ①胡…　　Ⅲ. ①建筑设计－计算机辅助设计－应用软件
Ⅳ. ①TU201.4

中国版本图书馆 CIP 数据核字(2016)第 279163 号

机械工业出版社（北京市百万庄大街 22 号　邮政编码 100037）
责任编辑：曲彩云　　　责任印制：孙　炜
北京中兴印刷有限公司印刷
2018 年 1 月第 4 版第 1 次印刷
184mm×260mm·21.75 印张·529 千字
0001－3000 册
标准书号：ISBN 978-7-111-55452-3
定价：59.00 元

前　言

　　3DS Max 和 Photoshop 是进入中国应用软件市场最早的软件，在中国拥有其他软件无可比拟的用户群体。最近，3DS Max 和 Photoshop 分别推出了最新版本 3DS Max 2016 和 Photoshop CC，为这两大软件提供了更强大的功能，也激起了人们更大的学习兴趣。本书利用 3DS Max 和 Photoshop 的最新版本为工具软件展开讲述。3DS Max 和 Photoshop 虽然都属于图形图像软件，但功能各不相同，其中 3DS Max 擅长三维建模和动画设计，而 Photoshop 则擅长平面图像的合成处理以及创作。这两个软件完美结合的杰作便是建筑效果图。

　　建筑效果图是建筑设计中非常重要的一部分，它能够形象地体现出建筑设计效果。在 3DS Max 和 Photoshop 两大软件推出以前，人们只能通过手工绘制建筑效果图，而手工绘图的效果与利用 3DS Max 和 Photoshop 辅助设计的效果设计图之间的差距有天壤之别。今天，人们利用 3DS Max 和 Photoshop 设计出的结构复杂、形象直观、色彩逼真的建筑效果图，为建筑招标、设计与施工提供了极大的方便。

　　本书结合 3DS Max 2016 与 Photoshop CC，介绍了各种常见的建筑效果图的设计方法。全书共分 7 章，分别介绍了小客厅效果图制作、餐厅效果图制作、办公中心效果图制作、别墅效果图制作、汽车展厅效果图制作、居民小区效果图制作和小区鸟瞰效果图制作设计实例，每个实例都遵循先用 3DS Max 建模，再用 Photoshop 后期处理的步骤，详细地介绍了这些建筑效果图的设计方法。书中实例涵盖全面，既包括民用建筑，又包括公共建筑；既有单体建筑，又有群体建筑。全书紧紧围绕实例展开讲述，通过工程应用实例，指导读者学习 3DS Max 和 Photoshop 的使用技巧和建筑效果图的设计方法，语言简练，讲解翔实。

　　随书配送的电子资料包不仅提供本书全部实例素材，而且有编者精心设计制作的操作过程多媒体教学动画，可以帮助读者直观地学习本书。是 3DS Max 与 Photoshop 学习从基础走向实践操作的良师益友，也是广大建筑设计爱好者最好的自学教材。读者可以登录百度网盘地址：http://pan.baidu.com/s/lmhRUeSw 下载，密码：a13p 链接失效备用网址：http://pan.baidu.com/s/leRZ7SMQ 密码：44vr（读者如果没有百度网盘，需要先注册一个才能下载）。

　　本书由三维书屋工作室策划，胡仁喜和孟培主要编写，康士廷、王敏、王玮、张日晶、王艳池、闫聪聪、王培合、王义发、王玉秋、杨雪静、刘昌丽、卢园、孙立明、甘勤涛、李兵、路纯红、阳平华、李亚莉、张俊生、李鹏、周冰、董伟、李瑞、王渊峰等参加了部分编写工作。

　　由于时间仓促，加上编者水平有限，书中不足之处在所难免，敬请广大读者和专家登录网站 www.sjzswsw.com 或联系 win760520@126.com 给予批评指正，编者将不胜感激，也欢迎加入三维书屋图书学习交流群 QQ：379090620 进行交流探讨。

编　者

目　录

第1章　小客厅效果图制作

 练习目标

◆ 建模：掌握基本的【Loft】（放样），【Lathe】（旋转）和【Boolean】（布尔运算）的使用方法。

◆ 材质：学习简单材质的赋予和【Raytrace】（光线跟踪）材质的使用。

◆ 灯光：学习和运用【Omni】（泛光灯）和【Target Spot】（目标聚光灯），创建室内灯光。

◆ 【Layer】（图层）：用于多张图片的合成和叠加，以利于对单张图片做进一步的修改。

◆ 【Eraser Tool】（橡皮擦）工具：用来制作边缘模糊的效果。

◆ 【Free Transform】（自由变换）命令：用于缩放和旋转图像，使用时执行【Edit→Free Transform】命令，使用时按住 Shift 键实现等比例缩放。

图1-1　效果图

 现场操作

　　本章以简单的小客厅为题材，最终效果如图 1-1 所示。这是一张简约主义风格的小客厅效果图，效果明亮、清爽。首先通过使用 3DS Max 2016 软件强大的建模工具，一步步

完成小客厅的模型，然后分别赋予不同材质，创建理想的灯光，最后进行渲染保存。具体步骤将在现场操作中进行详细的说明和讲解。

1.1 创建小客厅模型

1.1.1 启动 3DS Max 2016

1. 单击桌面的 3DS Max 2016 快捷方式，或者在【程序】里面选择 3DS Max 2016，启动界面如图 1-2 所示。

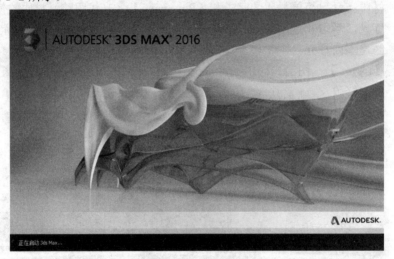

图1-2　启动界面

2. 3DS Max 2016 软件界面如图 1-3 所示。

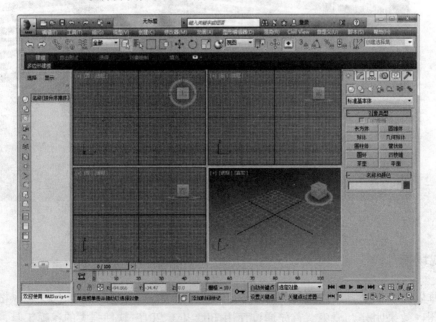

图1-3　软件界面

3．为了以后做效果图有可靠的尺寸依据，接下来对 3DS Max 2016 的一些基本数值进行设置。执行【Customize→Units Setup】（自定义→单位设置）命令，如图 1-4 所示。

4．设置【Units Setup】（单位设置）面板。在出现的【Units Setup】（单位设置）面板中将【Metric】（公制）设置为【Milimeters】（毫米），如图 1-5 所示。最后单击【OK】（确定）按钮，完成设置操作。

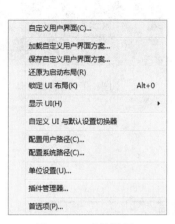

图1-4　尺寸设置图

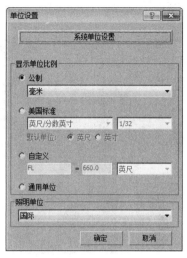

图1-5　设置单位设置面板

1.1.2　窗格的创建

1．执行【Create→Standard Primitives→Box】（创建→标准基本体→长方体）命令，（单击 X 键可显示隐藏的坐标），然后在顶视图（在其他视图中单击 T 键也可以切换为顶视图）中创建一个长方体，作为小客厅的地面，如图 1-6 所示。

2．在右侧【Parameters】（参数）面板中，设置基本参数【Length】（长度）为 21000mm【Width】（宽度）为 22000mm、【Height】（高度）为 240mm，如图 1-7 所示。

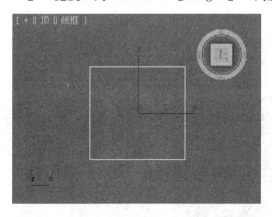

图1-6　创建长方体

图1-7　设置参数面板

3．在界面右侧，将方体重新命名为"地面"，如图 1-8 所示。

4．执行【Create→Standard Primitives→Box】（创建→标准基本体→长方体）命令，然后在前视图中创建一个长方体，作为墙的立面，如图 1-9 所示。

5．在右侧【Parameters】（参数）面板中，设置基本参数【Length】（长度）为 7400mm，

【Width】（宽度）为22000mm、【Height】（高度）为240mm，如图1-10所示。

6．在界面右侧，将长方体重新命名为"立面1"，如图1-11所示。

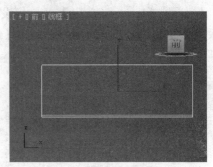

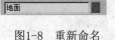

图1-8 重新命名　　　　　　　　图1-9 创建长方体

图1-10 设置基本参数　　　　图1-11 命名新长方体

7．在工具栏中选择【移动】工具图标，对立面的位置进行调整，如图1-12所示。

8．选中墙面，执行【Tools→Mirror】（工具→镜像）命令，然后在【Mirror】（镜像）面板中设置坐标轴为X轴，将【Offset】（偏移）设置为21000mm，选择【Clone Selection】（克隆当前选择）模式为【Copy】（复制），如图1-13所示。单击【OK】（确定）按钮，完成另一面墙的复制，如图1-14所示。

9．执行【Create→Standard Primitives→Box】（创建→标准基本体→长方体）命令，然后再在左视图中创建一个长方体，作为墙的另一个立面，如图1-15所示。

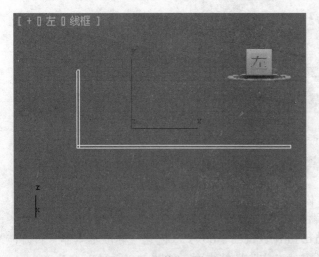
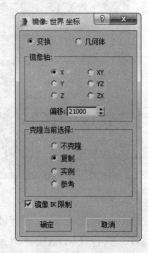

图1-12 调整立面位置　　　　　　　　　　图1-13 镜像复制

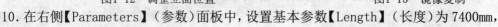
10．在右侧【Parameters】（参数）面板中，设置基本参数【Length】（长度）为7400mm，

【Width】（宽度）为 21000 mm，【Height】（高度）为 240mm，如图 1-16 所示。

11. 在界面右侧，将长方体重新命名为"立面 3"，如图 1-17 所示。

12. 执行【Create→Shapes→Rectangle】（创建→样条线→矩形）命令，在顶视图中创建一个矩形，如图 1-18 所示。

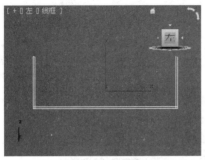

图1-14　另一面墙的镜像复制　　　　图1-15　创建长方体

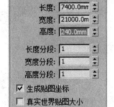

图1-16　设置基本参数　　　　图1-17　命名长方体

13. 执行【Create→Shapes→Line】（创建→图形→线）命令，在左视图中创建一条封闭曲线，作为放样的截面，同时对节点进行调整，最终效果如图 1-19 所示。

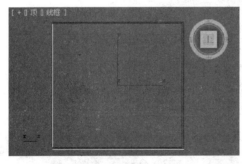

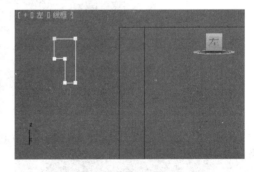

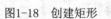

图1-18　创建矩形　　　　　　　　图1-19　创建封闭曲线

14. 首先选择作为路径的矩形，单击界面右侧【Create】（创建）命令面板中的【Geometry】（几何体），从其下拉列表中选择【Compounds Objects】（复合对象），在【Object Type】（对象类型）命令面板中单击【Loft】（放样）按钮，在命令面板中单击【Get Shape】（获取图形）按钮，如图 1-20 所示，最后单击创建的截面。

15. 经过放样操作，最终效果如图 1-20 所示。

16. 执行【Create→Shapes→Line】（创建→图形→线）命令，再在左视图中创建一条封闭曲线，作为放样的截面，对节点进行调整，最终效果如图 1-21 所示。

17. 重复上述操作，选择作为路径的矩形，单击界面右侧【Create】（创建）命令面板中的【Geometry】（几何体），从其下拉列表中选择【Compounds Objects】（复合对象），在【Object Type】（对象类型）命令面板中单击【Loft】（放样）按钮，在命令面板中单击【Get Shape】（拾取图形）按钮，然后单击创建的截面，放样效果如图 1-22 所示。

　　18．在顶视图中选择作为地面的方体，如图 1-23 所示。

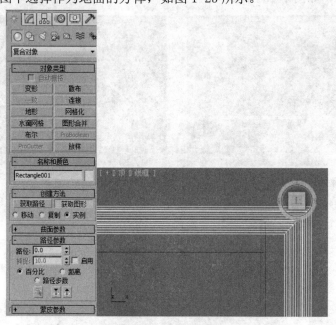

图1-20　创建封闭曲线

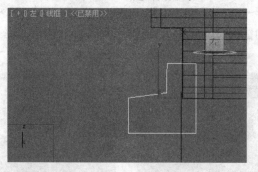

图1-21　创建封闭曲线

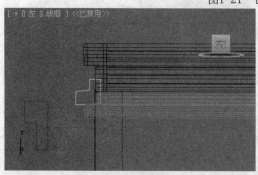

图1-22　放样效果

图1-23　选择方体

　　19．执行【Tools→Mirror】（工具→镜像）命令，然后在【Mirror】（镜像）面板

中设置坐标轴为 Z 轴，将【Offset】（偏移）设置为 7450mm，【Clone Selection】（克隆当前选择）模式为【Copy】（复制），如图 1-24 所示，单击【OK】（确定）按钮完成操作。

20．在界面右侧，将方体重新命名为"天花"，如图 1-25 所示。

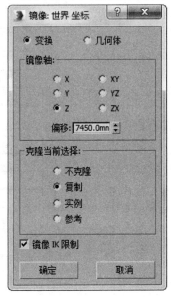

图1-24　镜像复制

图1-25　重新命名

1.1.3　沙发的创建

1．执行【Create→Shapes→Line】（创建→图形→线）命令，在顶视图中为沙发创建路径，如图 1-26 所示。

2．执行【Create→Shapes→Rectangle】（创建→样条线→矩形）命令，在顶视图中创建一个矩形作为截面，如图 1-27 所示。

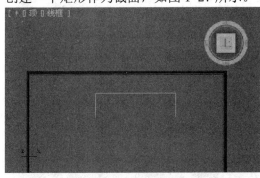

图1-26　创建路径

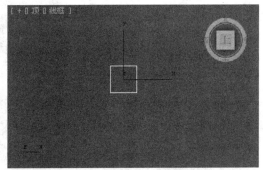

图1-27　创建矩形

3．采用同样的方法，执行【Create→Shapes→Rectangle】（创建→样条线→矩形）命令，再在左视图(在其他视图中也可直接单击 L 键直接切换为左试图)中创建另外一个矩形，如图 1-28 所示。

4．首先选择作为路径的曲线，单击界面右侧【Create】（创建）命令面板中的【Geometry】（几何体），从其下拉列表中选择【Compounds Objects】（复合对象），在【Object Type】（对象类型）命令面板中单击【Loft】（放样）按钮，然后在命令面板中单击【Get Shape】

（拾取图形）按钮，最后移动光标到创建的两个截面上单击，完成操作。

5. 执行【Create→Extended Primitives→Chamfer Box】（创建→扩展基本体→切角长方体）命令，在顶视图中创建一个【Chamfer Box】（切角长方体）作为沙发横面，在右侧【Parameters】（参数）面板中，设置基本参数【Length】（长度）为1747mm、【Width】（宽度）为1980mm、【Height】（高度）为618mm、【Fillet】（圆角）为40mm，如图1-29所示。

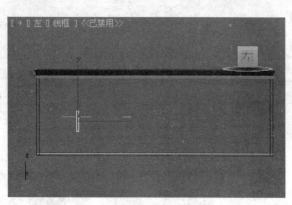

图1-28　创建矩形　　　　　　　　　　　　　　　　图1-29　创建长方体

6. 将刚创建的沙发横面选中，在工具栏中选择移动工具（单击W键也可以激活移动按钮），然后在按住Shift键的同时拖动物体，在出现的【Clone Options】（克隆选项）控制面板中设置【Object】（对象）模式为【Instance】（实例）、【Number of Copies】（副本数）为2，如图1-30所示。

7. 完成关联复制，调整位置如图1-31所示。

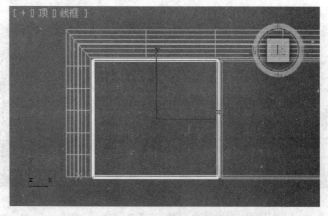

图1-30　复制物体　　　　　　　　　　　　　　　　图1-31　调整位置

8. 执行【Create→Extended Primitives→Chamfer Box】（创建→扩展基本体→切角长方体）命令，在顶视图中创建一个【Chamfer Box】（切角长方体）作为沙发坐垫，在右侧【Parameters】（参数）面板中，设置基本参数【Length】（长度）为1747mm、【Width】（宽度）为1980mm、【Height】（高度）为353mm、【Fillet】（圆角）为40mm、【Length Segs】（长度分段）为7、【Width Segs】（宽度分段）为7，如图1-32所示。

9. 执行【Modifiers→Mesh Editing→ Edit Mesh】（修改器→网格编辑→编辑网格）命令，添加网格编辑修改器，如图 1-33 所示。

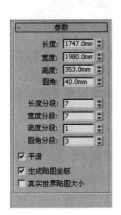

图1-32　创建长方体　　　　　　　图1-33　添加网格编辑修改器

10. 在【Selection】（选择）面板中选择节点的图标，如图 1-34 所示 。

11. 在工具栏中选择移动工具图标，在左视图中框选节点进行调整，如图 1-35 所示。

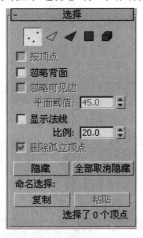

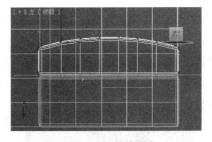

图1-34　选择节点　　　　　　　　图1-35　调整节点

12. 执行【Create→Extended Primitives→Chamfer Box】（创建→扩展基本体→切角长方体）命令，在前视图中创建一个【Chamfer Box】（切角长方体）作为沙发靠垫，在右侧【Parameters】（参数）面板中，设置基本参数【Length】（长度）为 950mm、【Width】（宽度）为 1980mm、【Height】（高度）为 400mm、【Fillet】（圆角）为 100mm、【Length Segs】（长度分段）为 6、【Width Segs】（宽度分段）为 8， 如图 1-36 所示。

13．在工具栏中选择移动工具图标，对位置进行调整，如图 1-37 所示。

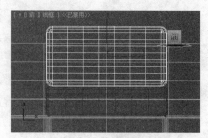

　　图1-36　创建长方体　　　　　　　　　图1-37　调整位置

　　14．执行【Modifiers→Free Form Deformers→FFD4×4×4】（修改器→自由形式变形器→FFD4×4×4）命令，添加【FFD 4×4×4】修改器，如图 1-38 所示。

　　15．单击【FFD 4×4×4】前面的加号（+），在子菜单中选择【Control Points】（控制点），进入节点的编辑层级，如图 1-39 所示。

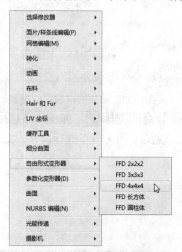

　　图1-38　添加【FFD 4×4×4】修改器　　　　図1-39　进入节点的编辑层级

　　16．在工具栏中选择移动工具图标，在前视图中对【Control Points】（控制点）的位置进行调整，如图 1-40 所示。

　　17．在工具栏中选择移动工具图标，同时在顶视图中对【Control Points】（控制点）的位置进行调整，如图 1-41 所示。

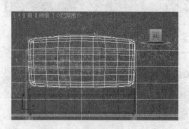

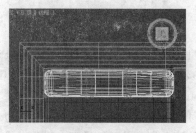

　　图1-40　调整点的位置　　　　　　　　图1-41　重新调整点的位置

18．选中修改过的【Chamfer Box】（切角长方体），在工具栏中选择移动工具，然后在按住 Shift 键的同时拖动物体，在出现的【Clone Options】（克隆选项）控制面板中设置【Object】（对象）模式为【Instance】（实例），【Number of Copies】（副本数）设置为2，复制调整位置，如图1-42所示。

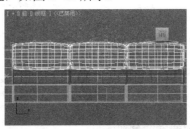

图1-42　复制调整位置

19．选中沙发，执行【Group→Group】（组→组）命令，出现【Group】（组）面板，将【Group Name】（组名）命名为"组01"，单击【OK】（确定）按钮，完成操作。

20．选中刚创建的沙发，在工具栏中选择移动工具，在按住 Shift 键的同时拖动物体，在出现的【Clone Options】（克隆选项)控制面板中设置【Object】（对象)模式为【Instance】、【Number of Copies】（副本数）为1，完成沙发复制，并调整到相应的位置。

21．选中复制的沙发，执行【Group→Group】（组→组）命令，出现【Group】面板，将【Group Name】（组名）命名为"组02"，单击【OK】（确定）按钮，完成操作。

1.1.4 桌子的创建

1．执行【Create→Standard Primitives→Box】（创建→标准基本体→长方体）命令，然后在顶视图中创建一个长方体，作为桌子的平面，同时执行【Create→Shapes→Line】（创建→图形→线）命令，在顶视图中创建一条曲线路径，如图1-43所示。

2．执行【Create→Shapes→Rectangle】（创建→样条线→矩形）命令，在前视图中创建一矩形，作为放样的截面，如图1-44所示。

3．首先选择作为路径的曲线，单击界面右侧【Create】（创建）命令面板中的【Geometry】（几何体），从其下拉列表中选择【Compounds Objects】(复合对象)，在【Object Type】（对象类型）命令面板中单击【Loft】（放样）按钮，然后在命令面板中单击【Get Shape】（拾取图形）按钮，最后移动鼠标到创建的截面上单击，完成操作，如图1-45所示。

4．选中矩形桌面，执行【Modifiers→Mesh Editing→Edit Mesh】（修改器→网格编辑→编辑网格）命令或者单击【Modify】（修改）选项卡的下拉菜单，从中选择【Edit Mesh】（网格编辑）修改器，如图1-46所示

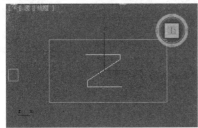

图1-43　创建方体和曲线

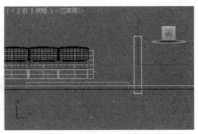

图1-44　创建矩形

11

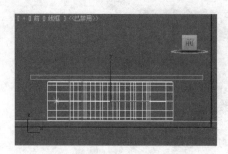

图1-45 物体放样

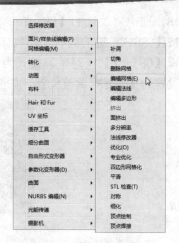

图1-46 添加网格编辑修改器

5. 单击【Edit Mesh】（网格编辑）前面的加号（+），在子菜单中选择【Polygon】（多边形），同时选择移动工具，在顶视图中进行选择，被选中的【Polygon】（多边形）呈现红色，如图 1-47 所示。

6. 在【Edit Geometry】（编辑几何体）命令面板中选择【Extrude】（挤出），调整其数值为 20 ，对桌子面进行拉伸，如图 1-48 所示。

7. 在【Edit Geometry】（编辑几何体）命令面板中选择【Bevel】（倒角），调整其数值为-104，对桌子面进行倒角处理，如图 1-49 所示。

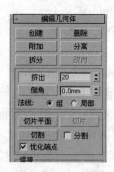

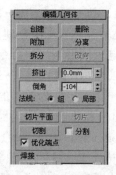

图1-47 选择多边形　　　　　　　图1-48 拉伸物体　　　图1-49 设置基本参数

8. 经过【Extrude 和 Bevel】（挤出和倒角）的处理，桌子面的最终效果如图 1-50 所示。

9. 执行【Create→Shapes→Line】（创建→图形→线）命令，在前视图中创建一条封闭的曲线，同时对接点进行调整和【Smooth】（平滑）处理，选中中心点，最终效果如图 1-51 示。

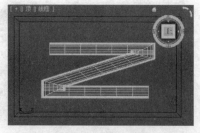

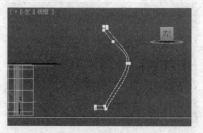

图1-50 最终效果　　　　　　　　图1-51 创建和调整曲线

10．执行【Modifiers→Patch/Spline Editing→Lathe】（修改器→面片/样条线编辑→车削）命令或者单击【Modify】（修改）  选项卡的下拉菜单，从中选择【Lathe】（车削）修改器，如图 1-52 所示。

11．经过【Lathe】（车削）修改器旋转调整，封闭的曲线旋转成一个壶体，如图 1-53 所示。

12．进入前视图，在壶体的上方重新建立一条封闭的曲线作为壶盖，对其进行局部细节的调整，最终效果如图 1-54 所示。

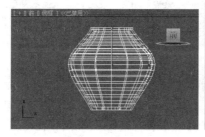

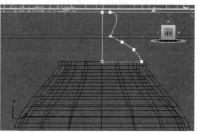

图1-52　添加车削修改器　　　　图1-53　旋转成形　　　　　图1-54　创建新曲线

13．执行【Modifiers→Patch/Spline Editing→Lathe】（修改器→面片/样条线编辑→车削）命令，让壶盖完成旋转，如图 1-55 所示。

14．执行【Create→Standard Primitives→Cylinder】（创建→标准基本体→圆柱体）命令，在前视图中创建一个圆柱体，对其进行旋转移动，同时执行【Modifiers→Free Form Deformers→FFD4×4×4】（修改器→自由形式变形器→FFD4×4×4）命令，对其进行具体的调整，如图 1-56 所示。

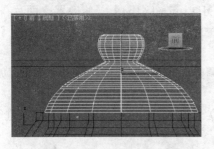

图1-55　添加车削修改器　　　　　　　　　图1-56　创建圆柱体

15. 在顶视图和左视图中同样进行调整，直至位置如图 1-57 和图 1-58 所示。

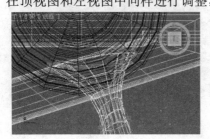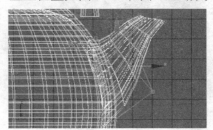

图1-57　调整位置　　　　　　　　　　　　图1-58　调整位置

16. 执行【Create→Shapes→Line】（创建→图形→线）命令，在左视图中创建一条曲线，作为壶把的放样路径，同时对接点进行调整和【Smooth】（平滑）处理，最终效果如图 1-59 所示。

17. 执行【Create→Shapes→Circle】（创建→图形→圆）命令，在前视图中创建一个圆环，作为放样截面，进行细节调整，如图 1-60 所示。

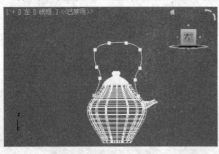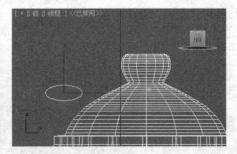

图1-59　创建曲线　　　　　　　　　　　　图1-60　创建圆环

18. 选择壶把的放样路径，单击界面右侧【Create】（创建）命令面板中的【Geometry】（几何体），从其下拉列表中选择【Compounds Objects】（复合对象），在【Object Type】（对象类型）命令面板中单击【Loft】（放样）按钮，然后在命令面板中单击【Get Shape】（拾取图形）按钮，最后移动光标到创建的圆环截面上单击，完成操作，效果如图 1-61 所示。

19. 执行【Create→Shapes→Line】（创建→图形→线）命令，在前视图中创建一条封闭的曲线，同时对接点进行调整，效果如图 1-62 所示。

20. 执行【Modifiers→Patch/Spline Editing→Lathe】（修改器→面片/样条线编辑→车削）命令或者单击【Modify】（修改）选项卡的下拉菜单，从中选择【Lathe】（车削）修改器，经过【Lathe】（车削）修改器的旋转，效果如图 1-63 所示。

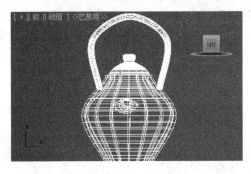
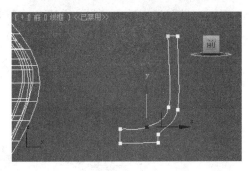

图1-61　放样物体　　　　　　　　　图1-62　创建新曲线

21．选中新建立的杯子，在工具栏中选择移动工具，然后在按住 Shift 键的同时拖动物体，完成复制后再选择移动工具对其进行调整，最终位置如图 1-64 所示。

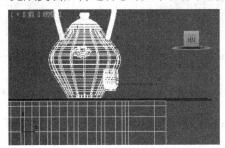
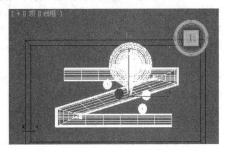

图1-63　添加车削修改器　　　　　　　图1-64　复制调整杯子

22．选中茶壶和茶杯，执行【Group→Group】（组→组）命令，出现【Group】（组）面板，【Group Name】（组名）命名为"茶壶组"，单击【OK】（确定）按钮，完成操作。

1.1.5　墙面装饰的创建

1．执行【Create→Shapes→Rectangle】（创建→样条线→矩形）命令，在前视图中创建一个矩形，如图 1-65 所示。

2．在右侧矩形的【Parameters】（参数）面板中，设置基本参数【Length】（长度）为 280mm、【Width】（宽度）为 22000mm，如图 1-66 所示。

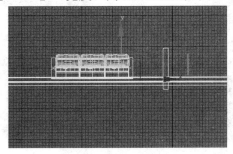

图1-65　创建矩形　　　　　　　　　图1-66　设置基本参数

3．执行【Modifiers→Mesh Editing→ Extrude】（修改器→网格编辑→挤出）命令，添加挤出修改器如图 1-67 所示。

4．在【Parameters】（参数）面板中，设置【Amount】（数量）为 40.0mm，如图 1-68 所示。

5．在工具栏中选择【Mirror】（镜像）图标 ，然后在【Mirror】（镜像：世界 坐

标）面板中设置坐标轴为 Y 轴，【Offset】（偏移）为-7400.0mm，选择【Clone Selection】
（克隆当前选择）模式为【Copy】（复制），如图 1-69 所示，然后单击【OK】（确定）
按钮，完成操作。

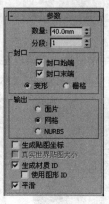

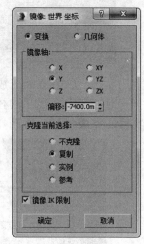

图1-67　添加挤出修改器　　　　图1-68　设置参数面板　　　　图1-69　镜像复制

6. 执行【Create→Shapes→Rectangle】（创建→样条线→矩形）命令，在前视图中
创建一个矩形，如图 1-70 所示。

7. 在右侧矩形的【Parameters】（参数）面板中，设置基本参数【Length】（长度）
为 7400mm，【Width】（宽度）为 138.825mm，如图 1-71 所示。

8. 执行【Modifiers→Mesh Editing→Extrude】（修改器→网格编辑→挤出）命令，
在【Parameters】（参数）面板中设置【Amount】（数量）为 40.0mm，在工具栏中选择移
动工具，然后在按住 Shift 键的同时拖动物体，出现【Clone Options】（克隆选项）对
话框，设置如图 1-72 所示。

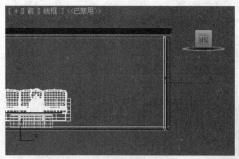

图1-70　创建矩形　　　　图1-71　设置基本参数　　　图1-72　【克隆选项】对话框

9. 执行【Create→Stand Primitives→Box】（创建→标准基本体→长方体），在前
视图中创建一个长方体，位置如图 1-73 所示。

10. 在工具栏中选择【移动】（Move）工具，然后在按住 Shift 键的同时拖动物体，
出现【Clone Options】（克隆选项）对话框，设置【Object】（对象）模式为【Instance】
（实例），设置【Number of Copies】副本数为 8，单击【OK】（确定）按钮，然后调整

8 个长方体的位置，如图 1-74 所示。

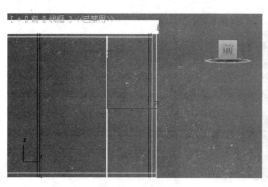 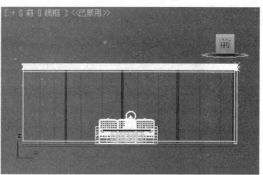

图1-73　创建长方体　　　　　　　　　　图1-74　复制长方体

11．执行【Create→Shapes→Rectangle】（创建→样条线→矩形）命令，在前视图中创建矩形，如图 1-75 所示。

12．在右侧矩形的【Parameters】（参数）面板中，设置基本参数【Length】（长度）为138.25mm，【Width】（宽度）为22000mm，如图 1-76 所示。执行【Modifiers→Mesh Editing →Extude】（修改器→网格编辑→挤出）命令，在【Parameters】（参数）面板中设置【Amount】（数量）为 40.0 mm。

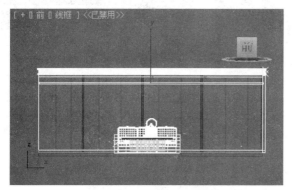

图1-75　创建矩形　　　　　　　　　　图1-76　设置基本参数

13．在按住 Shift 键的同时拖动矩形，在出现的【Clone Options】（克隆选项）控制面板中设置【Object】（对象）模式为【Copy】（复制），【Number of Copies】（副本数）为 12。

14．通过对矩形的复制，最终效果如图 1-77 所示。

15．执行【Create→Cameras→Target Camera】（创建→摄像机→目标摄像机）命令，如图 1-78 所示。

16．在顶视图中创建摄像机，如图 1-79 所示。

17．执行【Create→Standard Primitives→Box】（创建→标准基本体→长方体）命令，在顶视图中创建一个长方体，然后在按住 Shift 键的同时拖动长方体，在出现的【Clone Options】（克隆选项）控制面板中设置【Object】（对象）模式为【Copy】（复制）、【Number of Copies】（副本数）为 1，作为两本书的模型，如图 1-80 所示。

18．在右侧长方体的【Parameters】（参数）面板中，设置基本参数【Length】（长度)为 785.313mm、【Width】(宽度)为 539.903mm、【Height】(高度)为 100.246mm,如图 1-81 所示。

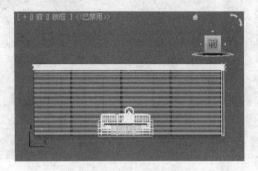

图1-77　最终效果

图1-78　执行目标摄像机

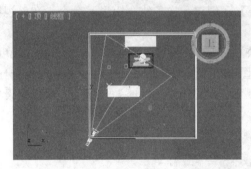

图1-79　创建摄像机

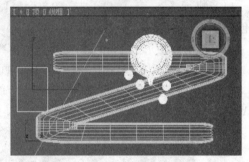

图1-80　创建长方体

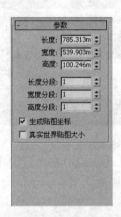

图1-81　设置基本参数

1.2 制作小客厅材质

1.2.1 地面及桌子材质的制作

1. 执行【Rendering→Material Editor→Compact Material Editor】(渲染→材质编辑器→精简材质编辑器)命令或者在工具栏中选择【Material Editor】(材质编辑器)图标 并单击,出现【Material Editor】(材质编辑器)面板,如图 1-82 所示。

2．选择第一个材质球，单击【材质编辑器】中的 Standard 按钮，弹出【材质/贴图浏览器】面板，如图 1-83 所示。展开"Autodesk Material Library"→"木材"卷展栏，双击卷展栏中的"柚木天然抛光"图标，如图 1-84 所示。

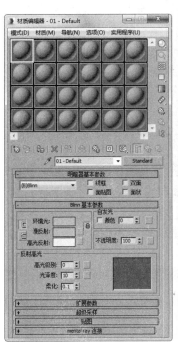
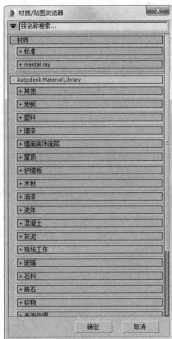
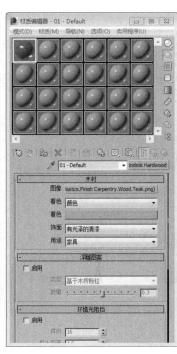

图1-82 打开【材质编辑器】面板　　图1-83 【材质/贴图浏览器】　图1-84 选择"柚木天然抛光"图标

3．选择墙面装饰，单击 图标，将材质赋予物体。如图 1-85 所示。

图1-85　墙面材质

4．选择第二个材质球，单击【材质编辑器】面板中的 Standard 按钮，弹出【材质/贴图浏览器】，如图 1-83 所示。展开"Autodesk Material Library"→"陶瓷"→"瓷砖”卷展栏，双击卷展栏中的“4 英寸菱形-黑色”，结果如图 1-86 所示。

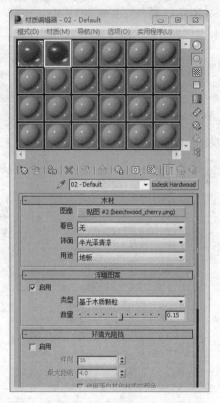

图1-86 选择“4英寸菱形-黑色”图标

5. 选择地面，单击图标 ，将材质赋予物体并调整 UVW 贴图，结果如图 1-87 所示。

图1-87 地面材质

6. 选择第三个的材质球，单击【材质编辑器】面板中的 Standard 按钮，弹出【材质/贴图浏览器】，如图 1-83 所示。展开 “Autodesk Material Library” → “墙漆” → “粗面”卷展栏，双击卷展栏中的“冷白色”图标，结果如图 1-88 所示。

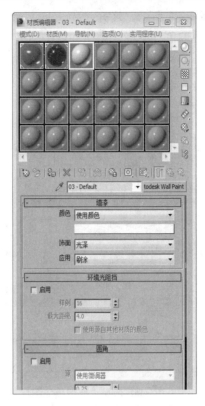

图1-88　选择"冷白色"图标

7．选择墙面的装饰带，单击图标，将材质赋予物体，结果如图 1-89 所示。

图1-89　墙面材质

8．选择第四个的材质球，单击【材质编辑器】面板中的 Standard 按钮，弹出【材质/贴图浏览器】面板，如图 1-83 所示。展开"Autodesk Material Library"→"玻璃"卷展栏，双击卷展栏中的"琥珀色"图标，结果如图 1-90 所示。

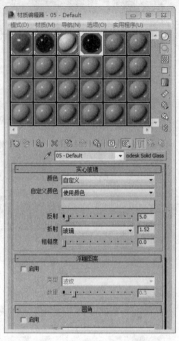

图1-90 选择"琥珀色"图标

9. 选择茶几面，单击图标🔳，将材质赋予物体，结果如图 1-91 所示。

图1-91 茶几面材质

10. 选择第五个的材质球，单击【材质编辑器】面板中的 Standard 按钮，弹出【材质/贴图浏览器】面板，如图 1-83 所示。展开"Autodesk Material Library"→"陶瓷"→"瓷器"卷展栏，双击卷展栏中的"冰白色"图标，结果如图 1-92 所示。

11. 选择桌子底座及茶壶及杯子，单击图标🔳，将材质赋予物体，结果如图 1-93 所示。

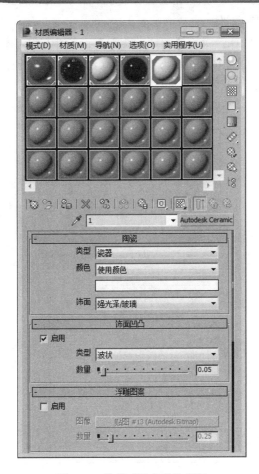

图1-92　选择"冰白色"图标

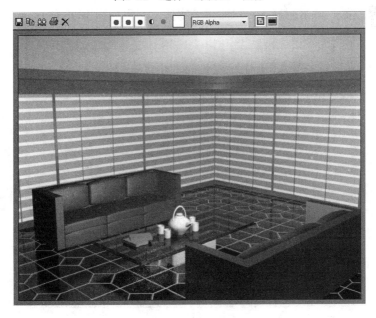

图1-93　陶瓷效果

1.2.2 沙发及书的材质制作

1. 选择第六个的材质球,单击【材质编辑器】面板中的 Standard 按钮,弹出【材质/贴图浏览器】面板,如图 1-83 所示。展开"Autodesk Material Library" → "皮革"卷展栏,双击卷展栏中的"亚麻布-米色",结果如图 1-94 所示。

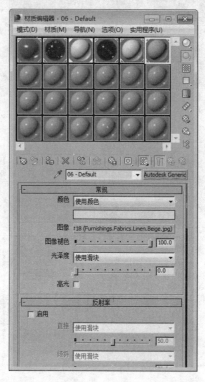

图1-94 选择"亚麻布-米色"图标

2. 选择沙发面,单击图标,将材质赋予物体,结果如图 1-95 所示。

图1-95 亚麻布效果

3．选择第七个的材质球，单击【材质编辑器】面板中的 Standard 按钮，弹出【材质/贴图浏览器】面板，如图 1-83 所示。展开"Autodesk Material Library"→"玻璃制品"卷展栏，双击卷展栏中的"磨砂-浅蓝色"图标，结果如图 1-96 所示。

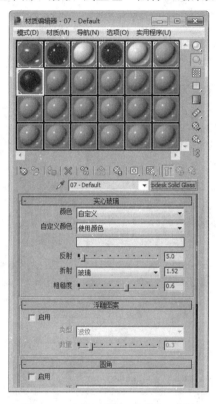

图1-96　选择"磨砂-浅蓝色"图标

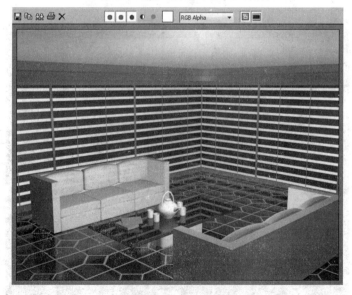

图1-97　玻璃材质

4．选择玻璃，单击图标 ，将材质赋予物体，如图 1-97 所示。

5.选择第八个的材质球,单击【材质编辑器】面板中的 Standard 按钮,弹出【材质/贴图浏览器】面板,如图 1-98 所示。展开 "Autodesk Material Library" → "油漆" 卷展栏,双击卷展栏中的 "白色",选择墙面装饰细竖条,赋予材质,结果如图 1-99 所示。

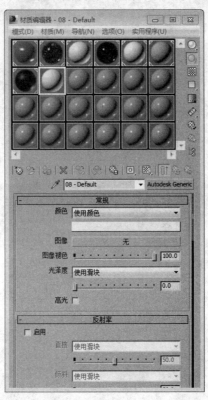

图1-98 选择"白色"图标

图 1-99 油漆材质

1.3　小客厅灯光的创建

1．执行【Create→Lights→Standard Lights→Target Spotlight】（创建→灯光→标准灯光→目标聚光灯）命令，或在【Object Type】（对象类型）面板中选择【Target Spotlight】（目标聚光灯）并单击，打开灯光面板，如图 1-100 所示。

2．在前视图中创建一盏【Target Spot】（目标聚光灯），位置调整如图 1-101 所示。

3．在顶视图中对【Target Spot】（目标聚光灯）的位置进行调整，如图 1-102 所示。

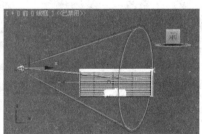
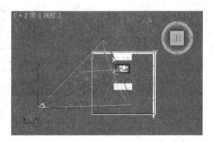

图1-100　灯光面板　　　图1-101　创建聚光灯　　　　图1-102　调整聚光灯位置

4．在左视图中对【Target Spot】（目标聚光灯）的位置进行调整，如图 1-103 所示。

5．在【General Parameters】（常规参数）命令面板中设置，设【Light Type】（灯光类型）为【On】（启用），再将【Multip】（倍增）数值设置为 0.7，色彩设置为白色，如图 1-104 和图 1-105 所示。

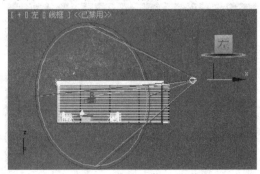
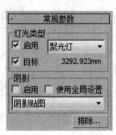
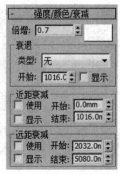

图1-103　重复调整聚光灯位置　　　图1-104　设置参数　　　图1-105　设置参数

6. 对这盏灯进行排除功能设置，在【Exclude/Include】（排除/包含）面板中单击【Exclude】（排除）按钮，然后将"天花"选中，如图 1-106 所示，单击【OK】（确定）按钮，完成操作。

7. 将【Target Spot】（目标聚光灯）的投影打开，然后在【Shadow Parameters】（阴影参数）面板中将投影的色彩设置为灰色，如图 1-107 所示。

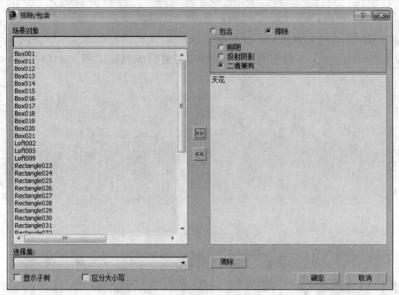

图1-106　设置【排除/包含】面板　　　　　　图1-107　设置投影参数

8. 执行【Create→Lights→Standard Lights→Target Spotlight】（创建→灯光→标准灯光→目标聚光灯）命令，或在【Object Type】（对象类型）面板中选择【Target Spotlight】（目标聚光灯）并单击，在顶视图中创建一盏【Target Spot】（目标聚光灯），位置调整如图 1-108 所示。

9. 在前视图中对【Target Spot】（目标聚光灯）的位置进行调整，如图 1-109 所示。

10. 在【General Parameters 】（常规参数）命令面板中设置【Light Type】（灯光类型）为【On】（启用），在【Shadows】（阴影）中也选择【On】（启用），再将【Multip】（倍增）数值设置为 0.3，色彩设置为白色，如图 1-110 所示。

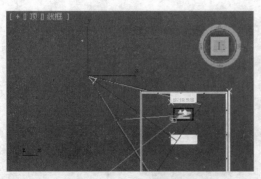

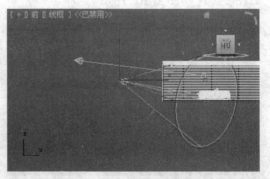

图1-108　创建聚光灯　　　　　　　　　图1-109　调整聚光灯位置

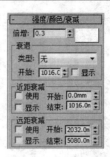

图1-110　设置【强度/颜色/衰减】面板

11. 执行【Create→Lights→Standard Lights→Target Spotlight】（创建→灯光→标准灯光→目标聚光灯）命令，或在【Object Type】（对象类型）面板中选择【Target Spotlight】（目标聚光灯）并单击，在顶视图中创建一盏【Target Spot】（目标聚光灯），位置调整如图 1-111 所示。

12. 在前视图中对【Target Spot】（目标聚光灯）的位置进行调整，如图 1-112 所示。

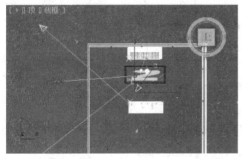

图1-111　创建聚光灯　　　　　　　　　　　图1-112　调整聚光灯位置

13. 在【General Parameters】（常规参数）命令面板中设置【Light Type】（灯光类型）为【On】（启用），在【Shadows】（阴影）中也选择【On】（启用），再将【Multip】（倍增）数值设置为 0.5，色彩设置为白色，如图 1-113 所示。

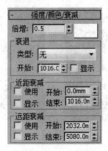

图1-113　设置【强度/颜色/衰减】面板

14. 执行【Create→Lights→Standard Lights→Target Spotlight】（创建→灯光→标准灯光→目标聚光灯）命令，或在【Object Type】（对象类型）面板中选择【Target Spotlight】（目标聚光灯）并单击，在顶视图中创建一盏【Target Spot】（目标聚光灯），位置调整如图 1-114 所示。

15. 在前视图中对【Target Spot】（目标聚光灯）的位置进行调整，如图 1-115 所示。

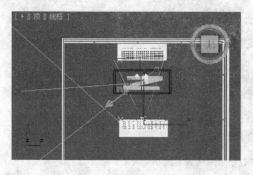

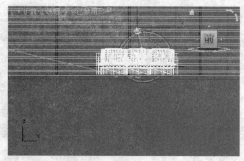

图1-114　创建聚光灯　　　　　　　　　　　　图1-115　调整聚光灯位置

16. 在【General Parameters】（常规参数）命令面板中设置【Light Type】（灯光类型）为【On】（启用），在【Shadows】（阴影）中也选择【On】（启用），再将【Multip】（倍增）数值设置为0.2，色彩设置为白色，如图1-116所示。

17. 执行【Create→Lights→Standard Lights→Target Spotlight】（创建→灯光→标准灯光→目标聚光灯）命令，或在【Object Type】（对象类型）面板中选择【Target Spotlight】（目标聚光灯）并单击，在前视图中创建一盏【Target Spot】（目标聚光灯），位置调整如图1-117所示。

18. 在顶视图中对【Target Spot】（目标聚光灯）的位置进行调整，如图1-118所示。

19. 在【General Parameters】（常规参数）命令面板中设置【Light Type】（灯光类型）为【On】（启用），在【Shadows】（阴影）中也选择【On】（启用），再将【Multip】（倍增）数值设置为0.9，色彩设置为淡黄色。

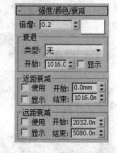

图1-116　设置强度参数

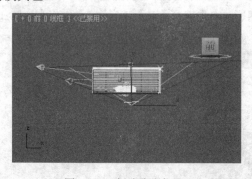

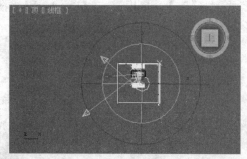

图1-117　创建聚光灯　　　　　　　　　　　　图1-118　调整聚光灯位置

20. 对这盏灯进行排除功能设置，在【Exclude/Include】（排除/包含）面板中单击【Exclude】（排除）按钮，然后将【tianhua】（天花）选中，单击【OK】（确定）按钮，完成操作。

21. 执行【Create→Lights→Standard Lights→Omni】（创建→灯光→标准灯光→泛光）命令，或者在右侧命令面板【Object Type】（对象类型）中选择【Omni】（泛光）单击，如图1-119所示。

22. 在前视图中创建一盏【Omni】（泛光灯）。

23．在顶视图中对【Omni】（泛光灯）的位置进行调整，如图 1-120 所示。

24．在【General Parameters】（常规参数） 命令面板中设置【Light Type】（灯光类型）为【On】（启用），在【Shadows】（阴影）中也选择【On】（启用），再将【Multip】（倍增）数值设置为 0.5，色彩设置为白色，如图 1-121 所示。

25．在工具栏中单击按钮 ，对新建立的小客厅进行渲染，最终效果如图 1-122 所示。

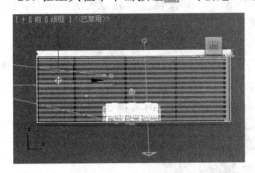

图1-119　创建泛光灯

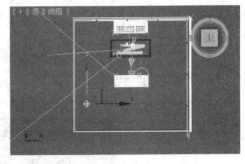

图1-120　调整泛光灯位置

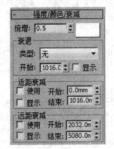

图1-121　设置【强度/颜色/衰减】面板

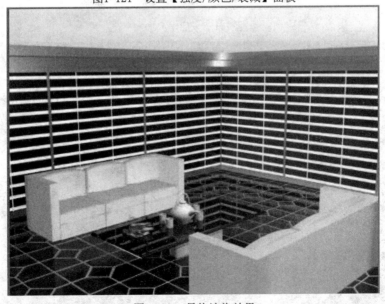

图1-122　最终渲染效果

26．将渲染的图片设置为 JPG 格式，单击保存，为下一步在 Photoshop 里面进行图像处理做好准备。

小客厅后期效果的合成是对前面所制作模型的加工和处理，即通过图层的调整，色彩的处理及对比度的加强，进而制作出完美的画面。

1.4.1 启动软件

1. 单击桌面的 Adobe Photoshop CC 快捷方式，或者在程序里面键入"Adobe Photoshop CC"，打开启动界面，如图 1-123 所示。

2. Adobe Photoshop CC 是目前 Photoshop 的最新版本，其界面如图 1-124 所示。

图1-123　启动界面

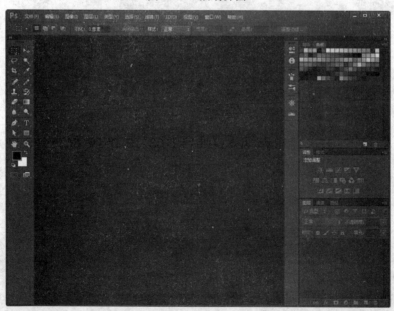

图1-124　软件界面

1.4.2　小客厅的图像合成

1．执行【文件】→【打开】命令，在目录或光盘中选择"小客厅.jpg"，单击打开。

2．执行【图层】→【新建】→【图层】命令，将图层名称更名为"客厅"，图 1-125 所示，单击【确定】按钮。

3．执行【图像】→【调整】→【色彩平衡】命令，然后在命令面板中进行如图 1-126 所示的设置。

图1-125　图层命名　　　　　　　　　　　　　图1-126　设置【色彩平衡】密保

4．打开一张绿色植物的图片，单击【魔棒】工具图标，在植物图片的白色区域内单击，执行【选择】→【反向】命令，再执行【编辑】→【拷贝】命令，然后回到小客厅的画布上，执行【编辑】→【粘贴】命令，效果如图 1-127 所示。

5．选择【放大镜】工具图标，将视图放大，执行【编辑】→【自由变化】命令，逐步调整盆景的大小和位置。

6．在工具箱中选择橡皮擦工具，将盆景周边的灰线擦除，然后单击【魔棒】工具图标，在盆景图片的白色区域单击，选中后进行删除，最终调整效果如图 1-128 所示。

图1-127　置入绿色植物　　　　　　　　　图1-128　调整盆景

7．进入绿色植物图层，执行【编辑】→【拷贝】命令，然后回到小客厅的画布上，执行【编辑】→【粘贴】命令，在图层面板中将新复制的绿色植物图层放在绿色植物图层的下面。

8．执行【编辑】→【自由变化】命令，将新复制的绿色植物进行旋转，同时调整绿色植物的的大小和位置。

9．在工具箱中选择【橡皮擦】工具图标，在橡皮擦的控制面板中进行设置。选择200 的【画笔】，同时将【不透明度】设置为 40。

10. 将调整好的橡皮擦工具移动到绿色植物的投影上，逐步进行擦除，注意影子虚实的感觉，最终效果如图 1-129 所示。

11. 打开一张花瓶和花架组合的图片，执行【选择】→【全部】命令，再执行【编辑】→【拷贝】命令，然后回到小客厅的画布上，执行【编辑】→【粘贴】命令，效果如图 1-130 所示。

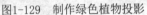

图1-129　制作绿色植物投影　　　　　　　　图1-130　置入花瓶图层

12. 选择【放大镜】工具图标 🔍，将视图进行适度的调整，执行【编辑】→【自由变化】命令，调整花瓶和花架的大小和位置。

13. 在工具箱中选择【橡皮擦】工具图标 ✎，在橡皮擦的控制面板中进行设置。选择 12 的【画笔】，同时将【不透明度】设置为 90，然后擦除花瓶周围多余的灰色，最终效果如图 1-131 所示。

14. 打开一张带有石头支架的盆景图片，执行【选择】→【全部】命令，再执行【编辑】→【拷贝】命令，然后回到小客厅的画布上，执行【编辑】→【粘贴】命令，效果如图 1-132 所示。

图1-131　调整花瓶和花架的大小　　　　　　图1-132　置入盆景图层

15. 打开另外一张绿色植物的图片，单击【魔棒】工具图标 ⌝，在绿色植物图片的白色区域内单击，执行【选择】→【全部】命令，再执行【编辑】→【拷贝】命令，然后回到小客厅的画布上，执行【编辑】→【粘贴】命令，效果如图 1-133 所示。

16. 进入绿色植物图层，执行【选择】→【全部】命令，再执行【编辑】→【拷贝】命令，然后回到小客厅画布上，执行【编辑】→【粘贴】命令。

17. 执行【编辑】→【自由变化】命令，将新复制的绿色植物进行旋转，同时调整绿色植物的大小和位置，如图 1-134 所示。

图1-133　置入绿色植物

图1-134　复制调整绿色植物

18. 在工具箱中选择【橡皮擦】工具，在橡皮擦的控制面板中进行设置。选择 13 的【画笔】，同时将【不透明度】设置为100，然后擦除遮盖沙发的多余绿色，如图 1-135 所示。

19. 从光盘中打开另外一张植物的图片，执行【选择】→【全部】命令，再执行【编辑】→【拷贝】命令，然后回到小客厅的画布上，执行【编辑】→【粘贴】命令。

20. 执行【编辑】→【自由变化】命令，将新置入的植物进行移动，同时调整绿色植物的大小和位置，最终如图 1-136 所示。

图1-135　擦除多余绿色

图1-136　置入绿色植物

21. 在工具箱中选择【橡皮擦】工具图标，在橡皮擦的控制面板中进行设置。选择 100 的【画笔】，同时将【不透明度】设置为38，在绿色植物的周围进行擦除，注意区分层次，最终效果如图 1-137 所示。

22. 在工具箱中选择【套锁】工具图标，然后沿着花盆的边缘创建选区（如图 1-138所示），以利于后面对花盆进行色彩上的调整。

23. 执行【图像】→【调整】→【色相/饱和度】命令，然后在命令面板中进行如图1-139 所示的设置。

图1-137　模糊处理

图1-138　创建选区

24．打开一张鲜花的图片，单击【魔棒】工具图标，在鲜花图片的白色区域内单击，执行【选择】→【反向】命令，再执行【编辑】→【拷贝】命令，然后回到小客厅的画布上，执行【编辑】→【粘贴】命令，效果如图 1-140 所示。

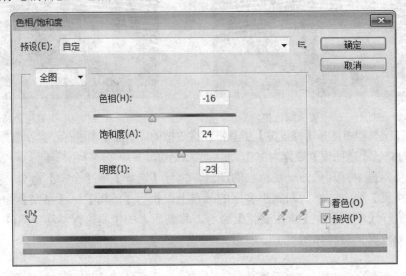

图1-139　设置【色相/饱和度】面板

图1-140　置入鲜花图层

25．执行【编辑】→【自由变化】命令，将新置入的鲜花进行移动调整，同时进一步调整鲜花的大小和位置。在工具箱中选择橡皮擦工具，在橡皮擦的控制面板中进行设置。选择半径为 12 的画笔，同时将【不透明度】设置为 100，把鲜花周围的灰色擦除，最终效果如图 1-141 所示。

26．打开一张一半植物的图片，执行【选择】→【全部】命令，再执行【编辑】→【拷贝】命令，然后回到小客厅的画布上，执行【编辑】→【粘贴】命令，结果如图 1-142 所示。

图 1-141　调整鲜花的大小和位置

图1-142　置入植物图层

27．执行【编辑】→【自由变化】命令，将新置入的植物的大小和位置进行调整，并对其色相、饱和度进行调整，然后执行【滤镜】→【锐化】→【USM 锐化】命令，其最终的大小和位置如图 1-143 所示。

28. 执行【文件】→【存储为】命令，将文件保存为"小客厅.psd"，本例制作完毕。

图1-143　调整植物的大小和位置

1.5 案例欣赏

图1-144　客厅欣赏1

图1-145　客厅欣赏2

图1-146　客厅欣赏3

图1-147 客厅欣赏4

图1-148 客厅欣赏5

图1-149　客厅欣赏6

图1-150　客厅欣赏7

图1-151　客厅欣赏8

图1-152　客厅欣赏9

图1-153　客厅欣赏10

第 2 章 餐厅效果图制作

练习目标

◆ 建模：掌握基本的【Loft】（放样），【Lathe】（旋转）和【Boolean】（布尔运算）的使用方法。

◆ 材质：学习简单材质的赋予和【Raytrace】（光线跟踪）材质的使用。

◆ 灯光：学习和运用【Omni】（泛光灯）和【Target Spot】（目标聚光灯），创建室内灯光。

◆ 【Layer】（图层），用于多张图片的合成和叠加，以利于对单张图片做进一步的修改和调整。

◆ 【Eraser Tool】（橡皮擦）工具，用来制作边缘模糊的效果，相当于滤镜中的模糊功能，但是更自由灵活。

◆ 【Free Transform】（自由变换）命令，用于缩放和旋转图像，使用时执行【Edit→Free Transform】命令，使用时按住 Shift 键实现等比例缩放。

现场操作

本章以餐厅为题材，在风格上同样是简约主义，如图 2-1 所示。餐厅设计抛弃了烦冗、富丽堂皇的感觉，采用简洁明快的处理手法，色彩明亮温暖，给人以家的温馨，充满生活的气息。建模、材质、灯光、渲染是具体的制作方法，也是基本的制作流程，具体的步骤将在现场操作中进行详细说明。

图2-1　效果图

2.1 创建餐厅模型

2.1.1 餐厅墙面的建立

1. 执行【Create→Standard Primitives→Box】（创建→标准基本体→长方体）命令，然后在顶视图中创建一个长方体作为墙的立面，如图 2-2 所示。

2. 在右侧【Parameters】（参数)面板中,设置基本参数【Length】（长度）为 30000.0mm、【Width】（宽度）为 240.493mm、【Height】（高度）为 6000.98mm,如图 2-3 所示。

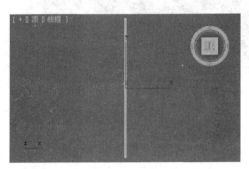

图2-2　创建长方体（墙的立面）　　　　　图2-3　设置参数面板

3. 选中刚创建的墙面，执行【Tools→Mirror】（工具→镜像）命令，然后在镜像面板中设置坐标轴为 X 轴，将【Offset】（偏移）设置为 20000mm、【Clone Selection】（克隆当前选择）模式设置为【Copy】（复制）。如图 2-4a 所示。单击【OK】（确定）按钮，完成另一面墙的复制。

4. 利用同样的方法,在前视图中创建地面,然后执行【Tools→Mirror】（工具→镜像）命令,在出现的镜像面板中设置坐标轴为 Y 轴,将【Offset】（偏移）设置为 6000.98 mm,【Clone Selection】（克隆当前选择）模式为复制,如图 2-4b 所示。

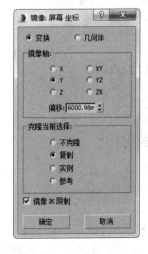

a)　　　　　　　　　　　　　　b)

图2-4　镜像复制

5. 墙面的建立基本完成, 经过两次执行复制命令, 效果如图 2-5 所示。

图2-5 墙面效果图

2.1.2 创建摄像机

1. 执行【Create→Cameras→Target Camera】(创建→摄像机→目标摄像机) 命令, 如图 2-6 所示。

2. 在左视图中创建摄像机, 如图 2-7 所示。

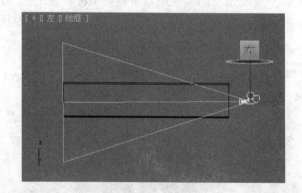

图2-6 执行摄像机命令   图2-7 创建摄像机

3. 打开摄像机视图, 在单个视图的左上角单击鼠标右键, 弹出下拉菜单, 如图 2-8 所示。

4. 在出现的下拉菜单中单击【Views】视点, 在其子菜单中选择【Camera】(摄像机) 命令单击, 如图 2-9 所示。这样视图的模式就转化为摄像机视图。

图2-8 打开摄像机视图下拉菜单 图2-9 进入摄像机视图

2.1.3 窗户的建立

1. 执行【Create→Standard Primitives→Box】（创建→标准基本体→长方体）命令，然后在顶视图中创建一个长方体作为窗户，如图 2-10 所示。

2. 在工具栏中单击【旋转】工具图标○，对新创建的长方体进行旋转，如图 2-11 所示。

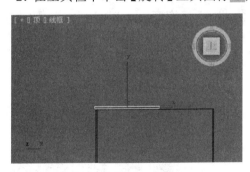

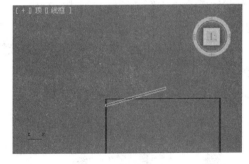

图2-10 创建长方体（窗户） 图2-11 旋转长方体（窗户）

3. 在工具栏中选择【移动】工具图标✛，对新创建长方体的位置进行调整，如图 2-12 所示。

4. 选中新创建的长方体，在工具栏中选择【移动】工具，然后在按住 Shift 键的同时拖动物体，出现【Clone Options】（克隆选项）对话框，复制长方体（另侧窗户），设置如图 2-13 所示。

5. 完成复制之后，选择【旋转】工具图标○，对新复制的物体进行旋转，如图 2-14 所示。

6. 在右侧长方体的【Parameters】（参数）面板中，设置基本参数【Length】（长度）为 362.388mm，【Width】（宽度）为 10964.3mm，【Height】（高度）为 6000.983mm，如图 2-15 所示，最终位置如图 2-16 所示。

7. 执行【Create→Standard Primitives→Box】（创建→标准基本体→长方体）命令，在顶视图中创建一个长方体。在右侧长方体的【Parameters】（参数）面板中，设置基本参数【Length】（长度）为 1428.14mm，【Width】（宽度）为 3996.05mm，【Height】（高度）为 3836.98mm，如图 2-17 所示。

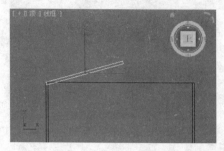

图2-12　调整长方体的位置　　　　　　图2-13　设置【克隆选项】对话框

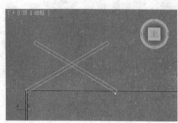

图2-14　旋转长方体（另侧窗户）　　图2-15　设置参数面板　　　图2-16　窗户最终位置

8．同理，再次创建长方体，在右侧长方体的【Parameters】（参数）面板中，设置基本参数【Length】（长度）为 1428.14mm、【Width】（宽度）为 1950.88mm、【Height】（高度）为 3836.0mm，如图 2-18 所示。

9．选中新创建的长方体，在工具栏中选择【移动】工具，然后在按住 Shift 键的同时拖动物体，创建另外一个新的长方体。

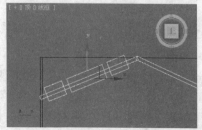

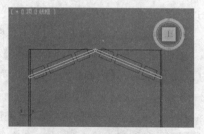

图2-17　设置参数面板　　　　　　　　图2-18　设置参数面板

10．通过移动、旋转工具的调整，最终位置如图 2-19 所示。

图2-19　最终位置　　　　　　　　　图2-20　复制并调整位置

11．选择三个长方体，按住 Shift 键拖动物体进行复制，调整其位置如图 2-20 所示。

12．在窗户上挖几个洞，首先选择作为窗户的长方体，如图 2-21 所示。

13．执行【Create→Compound】（创建→复合对象）命令，如图 2-22 所示。

14．在【Object Type】（对象类型）命令面板中单击【Boolean】（布尔）按钮，如图 2-23 所示。

15．在【Pick Boolean】（拾取布尔）面板中单击【Pick Operand】（拾取操作对象）按钮，如图 2-24 所示。

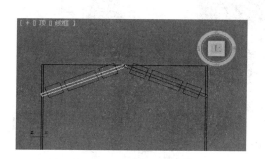

图2-21　选择长方体

图2-22　执行【复合对象】命令

图2-23　单击【布尔】按钮　　　图2-24　单击【拾取操作对象B】按钮

16．移动光标到选择的长方体上，当鼠标指针发生变化时，单击旁边的小长方体，如图 2-25 所示。用同样的方法处理另一个窗户。

17．窗户经过【Boolean】（布尔运算）命令的运算，最终效果如图 2-26 所示。

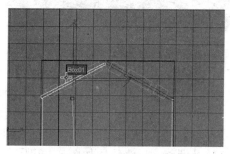

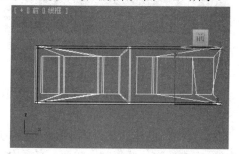

图2-25　单击长方体　　　　　　图2-26　窗户最终效果

18．现在为窗户增添一点装饰。执行【Create→Extended Primitives→Chamfer Box】（创建→扩展基本体→切角长方体）命令，在顶视图中建立一个【Chamfer Box】（切角长方体），选择移动(快捷键 W)和旋转（快捷键 e）工具，对其位置进行调整，如图 2-27 所示。

19. 在右侧【Chamfer Box】（切角长方体）的【Parameters】（参数）面板中，设置基本参数【Length】（长度）为 479.226mm、【Width】（宽度）为 10208.6mm、【Height】（高度）为 680.568mm、【Fillet】（圆角）为 85.415 mm，如图 2-28 所示。

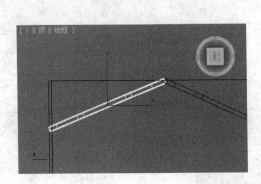

图2-27　调整切角长方体　　　　　　　图2-28　设置参数面板

20. 选中刚创建的【Chamfer Box】（切角长方体），执行【Tools→Mirror】（工具→镜像）命令，或者在工具栏中执行【Mirror】（镜像）命令，在【Mirror】（镜像）面板中设置坐标轴为 Y 轴，设置【Clone Selection】（克隆当前选择）模式为【Copy】（复制），单击【OK】（确定）按钮，复制一个新的【Chamfer Box】（切角长方体），如图 2-29 所示。

21. 为窗户创建玻璃，执行【Create→Standard Primitives→Box】（创建→标准基本体→长方体）命令，在顶视图中创建一个长方体作为窗户的玻璃，对其进行调整，如图 2-30 所示。

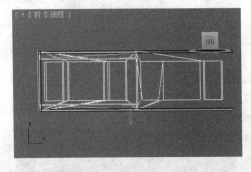
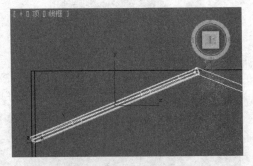

图2-29　镜像复制切角长方体　　　　　图2-30　创建长方体（玻璃）

22. 在右侧长方体的【Parameters】（参数）面板中，设置基本参数【Length】（长度）为 40.227mm、【Width】（宽度）为 10208.0mm、【Height】（高度）为 6021.76mm，如图 2-31 所示。

23. 选中新创建的长方体,在工具栏中选择【移动】工具，在按住 Shift 键的同时拖动物体,完成新物体的复制。将复制的物体进行旋转及调整，最终位置如图 2-32 所示。

24. 执行【Rendering→Environment】（渲染→环境）命令，接下来在出现的【Environment】（环境和效果)面板中单击【Environment Map】（环境贴图)下面的【None】

（无）按钮，从光盘中选择一张风景图片，单击打开，如图 2-33 所示。

图2-31　设置参数

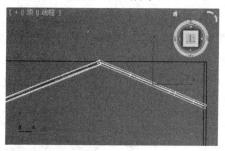

图2-32　玻璃最终位置

图2-33　设置（环境和效果）面板

2.1.4　泛光灯的建立

1．餐厅大的框架已经建立，但是读者朋友不难发现，此时的餐厅内部是一片黑暗，因此我们要为其建立一个基本的灯光。执行【Create→Lights→Standard Lights→Omni】（创建→灯光→标准灯光→泛光灯）命令或在【Object Type】（对象类型）面板中选择【Omni】（泛光灯）并单击，如图 2-34 所示。

2．在左视图中建立两盏泛光灯，调整位置如图 2-35 所示。

图2-34　执行泛光灯

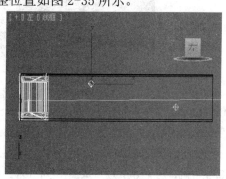

图2-35　创建泛光灯

2.1.5 地面的调整

1. 为了让餐厅内部更富有层次感，现在对刚才创建的地面进行一下调整。首先选择作为地面的长方体，添加【编辑网格】修改器，执行【Modifiers→Mesh Editing→Edit Mesh】（修改器→网格编辑→编辑网格）命令，如图 2-36 所示。

2. 单击【Edit Mesh】（编辑网格）前面的（+），在其子菜单中选择【Vertex】（顶点），如图 2-37 所示。

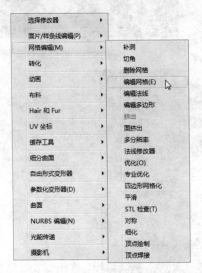

图2-36　添加【编辑网格】修改器　　　　　　图2-37　选择顶点

3. 在工具栏中选择【移动】工具图标 ✥，将地面的两个点进行框选，然后对其进行调整，如图 2-38 所示。

4. 地面的基本参数发生了变化，【Length】（长度）变为 30052.9mm，【Width】（宽度）变为 20258.1mm，【Height】（高度）变为 240.74mm。

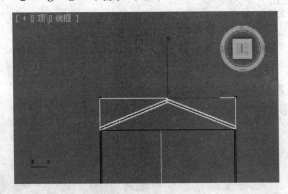

图2-38　调整节点

5. 执行【Create→Standard Primitives→Box】（创建→标准基本体→长方体）命令，然后在顶视图中创建一个长方体，如图 2-39 所示。

6. 在右侧长方体的【Parameters】（参数）面板中，设置基本参数【Length】（长度）为 12059.0mm，【Width】（宽度）为 3044.19mm、【Height】（高度）为 1964.19mm，如图 2-40 所示。

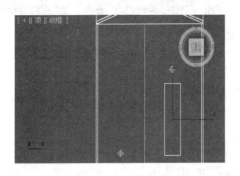

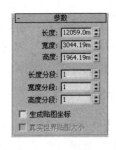

图2-39　创建长方体　　　　　　　　图2-40　设置参数面板

7. 首先选择作为地面的长方体，执行【Create→Compound→Boolean】（创建→复合对象→布尔）命令，在【Object Type】（对象类型）命令面板中单击【Boolean】（布尔）按钮， 然后在【Pick Boolean】（拾取布尔）面板中单击【Pick Operand】（拾取操作对象），最后移动光标到刚建立的长方体上单击，完成操作。同样的方法再进行一次。最终地面的效果如图 2-41 所示。

8. 经过【Boolean】（布尔）运算，地面已经不够完整，因此要再创建一块地面作为补充，如图 2-42 所示。执行【Create→Standard Primitives→Box】（创建→标准基本体→长方体）命令，在顶视图中创建一个新的长方体作为新补充的地面。

9. 在新补充的地面上创建一个长方体作为地毯，如图 2-43 所示，再执行【Create→Standard Primitives→Box】（创建→标准基本体→长方体）命令，在顶视图中创建一个新的长方体。

10. 在右侧长方体的【Parameters】（参数）面板中，设置基本参数【Length】（长度）为 28146.49mm、【Width】（宽度）为 4852.85mm、【Height】（高度）为 40.293mm，如图 2-44 所示。

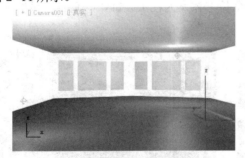

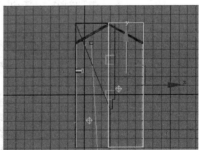

图 2-41　布尔运算　　　　　　　　图 2-42　创建长方体

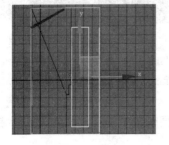

图2-43　创建新长方体　　　　　　　图2-44　设置参数面板

11. 执行【Create→Shapes→Line】（创建→图形→直线）命令，在顶视图中创建连续封闭的曲线，

12. 执行【Modifiers→Mesh Editing→ Extrude】命令，或者在【Modify】（修改）选项卡单击下拉菜单，选择【Extrude】（挤出）修改器，将上步绘制的连续直线作为挤出对象并对其执行挤出操作，完成地面凸台的绘制。

2.1.6 柱子的建立

1. 执行【Create→Standard Primitives→Box】（创建→标准基本体→长方体）命令，在顶视图中创建一个长方体作为柱子,如图 2-45 所示。

2. 在右侧长方体的【Parameters】（参数）面板中，设置基本参数【Length】（长度）为 2452.19mm、【Width】（宽度）为 2552.77mm、【Height】（高度）为 5918.96mm，如图 2-46 所示。

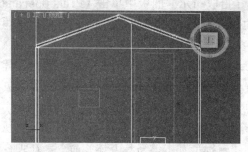
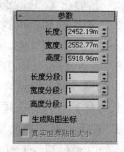

图2-45　创建长方体　　　　　　　图2-46　设置参数面板

3. 选中新创建的长方体，在工具栏中选择【移动】工具，然后在按住 Shift 键的同时拖动物体，最后单击【OK】（确定）按钮完成复制操作，调整位置如图 2-47 所示。

4. 为柱子增添装饰，执行【Create→Standard Primitives→Box】（创建→标准基本体→长方体）命令，在顶视图中新创建一个长方体作为柱头装饰,，充分调整柱头装饰与柱子的关系，如图 2-48 所示。

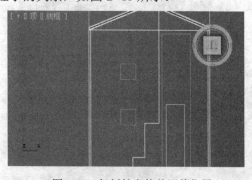
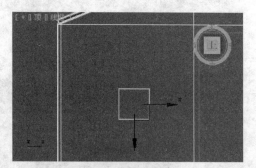

图2-47　复制长方体并调整位置　　　　　　图2-48　创建新长方体

5. 在右侧长方体的【Parameters】（参数）面板中，设置基本参数【Length】（长度）为 2562.45mm，【Width】（宽度）为 2669.22mm、【Height】（高度）为 918.212mm，如图 2-49 所示。

6. 选择柱头装饰，将其复制给另一根柱子。同时选中两者，按住 Shift 键拖动物体实现新的复制，效果如图 2-50 所示。

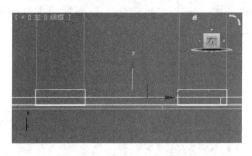

图2-49　设置参数面板　　　　　　　　　图2-50　复制长方体

2.1.7 搁架的建立

1. 执行【Create→Extended Primitives→Chamfer Box】（创建→扩展基本体→切角长方体）命令，在前视图中建立一个【Chamfer Box】（切角长方体），选择【移动】工具，对其位置进行调整，如图 2-51 所示。

2. 在右侧长方体的【Parameters】（参数）面板中，设置基本参数【Length】（长度）为1087.15mm、【Width】（宽度）为2217.71mm、【Height】（高度）为656.399mm、【Fillet】（圆角）为100.193mm，如图 2-52 所示。

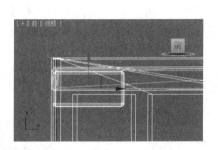

图2-51　创建切角长方体　　　　　　图2-52　设置参数面板

3. 执行【Create→Standard Primitives→Box】（创建→标准基本体→长方体）命令，在左视图中创建一个长方体，如图 2-53 所示。

4. 在右侧长方体的【Parameters】（参数）面板中，设置基本参数【Length】（长度）为987.461mm、【Width】（宽度）为407.684mm、【Height】（高度）为5182.06mm，如图 2-54 所示。

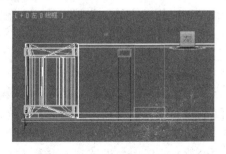

图2-53　创建长方体　　　　　　　图2-54　设置参数面板

5. 创建一个竖着的搁板。执行【Create→Standard Primitives→Box】（创建→标

准基本体→长方体）命令，在顶视图中创建一个长方体作为竖着的搁板，位置如图 2-55 所示。

6. 在右侧长方体的【Parameters】（参数）面板中，设置基本参数【Length】（长度）为 42.707mm、【Width】（宽度）为 1718.97mm、【Height】（高度）为 5367.69mm，如图 2-56 所示。

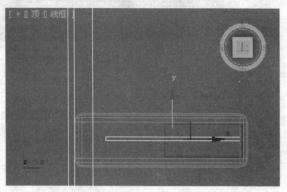

图2-55　创建长方体（竖着的搁板）　　　　　图2-56　设置参数面板

7. 同样执行【Create→Standard Primitives→Box】（创建→标准基本体→长方体）命令，在前视图中创建一个长方体作为横着的搁板，位置如图 2-57 所示。

8. 在右侧长方体的【Parameters】（参数）面板中，设置基本参数【Length】（长度）为 1057.01mm、【Width】（宽度）为 1644.24mm、【Height】（高度）为 60.738mm，如图 2-58 所示。

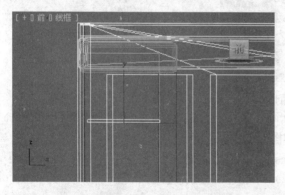

图2-57　创建长方体（横着的搁板）　　　　　图2-58　设置参数面板

9. 选中横着的搁板，在按住 Shift 键的同时拖动物体，复制另外一块搁板，调整其位置。

2.1.8 墙面装饰的建立

1. 执行【Create→Extended Primitives→Chamfer Box】（创建→扩展基本体→切角长方体）命令，在顶视图中建立一个【Chamfer Box】（切角长方体）。选择【移动】工具，对其位置进行调整，结果如图 2-59 所示。

2. 在右侧长方体的【Parameters】（参数）面板中，设置基本参数【Length】（长度）为 2355mm、【Width】（宽度）为 700mm、【Height】（高度）为 9550mm、【Fillet】

（圆角）为 86 mm，如图 2-60 所示。

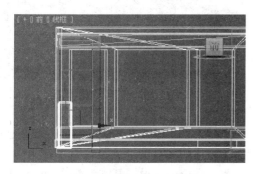

图2-59　创建切角长方体

图2-60　设置参数面板（创建→扩展基本体→切

3. 执行【Create→Extended Primitives→Chamfer Box】
角长方体）命令，然后在顶视图中建立一个【Chamfer Box】（切
角长方体），选择【移动】工具，对其进行调整。

4. 在右侧长方体的【Parameters】面板中，设置基本参数
【Length】为 1351mm、【Width】为 470mm、【Height】为 1636mm、
【Fillet】为 43mm，如图 2-61 所示。

5. 选择【移动】工具，然后在按住 Shift 键的同时拖动物
体，出现【Clone Options】对话框，设置【Clone Selection】
（克隆当前选择）模式为【Instance】（实例）、【Number of
Copies】（副本数）为4，单击【OK】（确定）按钮，效果如图
2-62 所示。

6. 执行【Create→Standard Primitives→Box】（创建→
标准基本体→长方体）命令，在顶视图中创建一个长方体，然后
对其进行调整，效果如图 2-63 所示。

图2-61　设置参数面板

图2-62　创建切角长方体

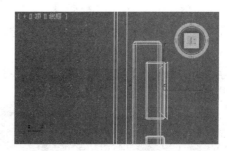

图2-63　创建长方体

7. 首先选择刚建立的【Chamfer Box】（切角长方体），执行【Create→Compound→
Boolean】（创建→复合对象→布尔）命令，然后在【Pick Boolean】（拾取布尔）面板
中单击【Pick Operand】（拾取操作对象），最后移动光标到调整过的 【Box】（长方体）
上单击，完成操作，如图 2-64 所示。

8. 重复上述的操作，最终效果如图 2-65 所示。

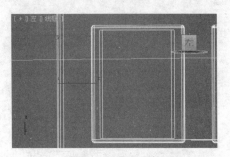

图2-64　布尔运算

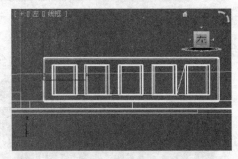

图2-65　最终效果

9. 利用前面所学知识完成剩余部分的绘制。

10. 为其创建一块玻璃，执行【Create→Standard Primitives→Box】（创建→标准基本体→长方体）命令，在左视图中创建一个长方体作为玻璃，位置如图 2-66 所示。

11. 在右侧长方体的【Parameters】（参数）面板中，设置基本参数【Length】（长度）为 1391.588mm、【Width】（宽度）为 1073.79mm、【Height】（高度）为 0.75mm，如图 2-67 所示。

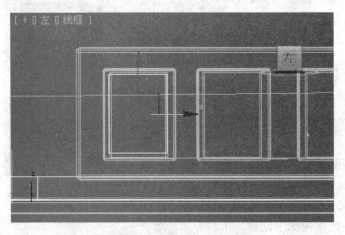

图2-66　创建长方体（玻璃）　　　　　　　　　　图2-67　设置参数面板

12. 在墙面上创建一幅壁画，执行【Create→Standard Primitives→Box】（创建→标准基本体→长方体）命令，在前视图中创建一个长方体作为壁画，如图 2-68 所示。

13. 在右侧长方体的【Parameters】（参数）面板中，设置基本参数【Length】（长度）为 2646.91mm、【Width】（宽度）为 30.28mm、【Height】（高度）为 7179.65mm，如图 2-69 所示。

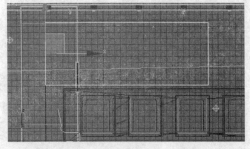

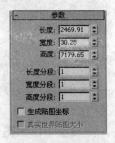

图2-68　创建长方体（壁画）　　　　　　　　　　图2-69　设置参数面板

2.1.9 圆桌的建立

1. 创建室内的家具。执行【Create→Standard Primitives→Cylinder】（创建→标准基本体→圆柱体）命令，在顶视图中创建一个圆柱体作为圆桌的平面图形，如图 2-70 所示。

2. 选中新创建的圆柱体，在工具栏中选择【移动】工具，在按住 Shift 键的同时拖动物体，出现【Clone Options】（克隆选项）对话框，设置【Number of Copies】（副本数）为 2。对新复制的两个圆柱体进行尺寸和位置调整，结果如图 2-71 所示。

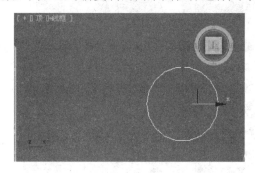

图2-70　创建圆柱体　　　　　　　　　　　图2-71　复制并调整圆柱体

3. 同样执行【Create→Standard Primitives→Cylinder】（创建→标准基本体→圆柱体）命令，在前视图中创建一个圆柱体，调整其大小和位置，如图 2-72 所示。

4. 将视图转化为左视图，执行【Create→Standard Primitives→Cylinder】（创建→标准基本体→圆柱体）命令，在左视图中重新创建一个圆柱体，位置如图 2-73 所示。

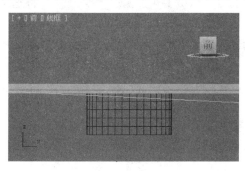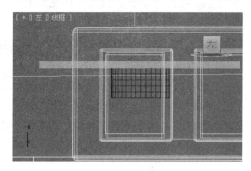

图2-72　创建圆柱体　　　　　　　　　　　图2-73　创建圆柱体

5. 在工具栏中选择【移动】工具，在按住 Shift 键的同时拖动物体，复制一个圆柱体，对其进行调整，如图 2-74 所示。

6. 创建圆桌的桌腿。执行【Create→Shapes→Line】（创建→图形→线）命令，在前视图中创建一条曲线作为桌子腿的放样路径，同时对接点使用【Smooth】（平滑）命令进行处理，结果如图 2-75 所示。

7. 为桌腿放样创建截面，执行【Create→Shapes→Circle】（创建→图形→圆）命令，在前视图中创建一个圆环，对其进行调整，如图 2-76 所示。

8. 首先选择作为路径的曲线，单击界面右侧【Create】（创建）命令面板中的【Geometry】（几何体），从其下拉列表中选择【Compounds Objects】（复合对象），在【Object Type】（对象类型）命令面板中单击【Loft】（放样）按钮，然后在命令面板中单击【Get Shape】（获取图形）按钮，最后移动鼠标到创建的截面上单击，完成操作，放样效果如图 2-77 所示。

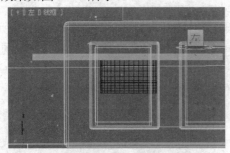

图2-74　复制圆柱体

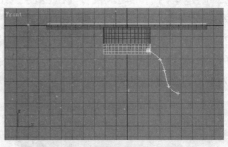

图2-75　创建曲线

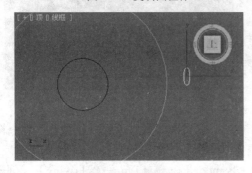

图2-76　创建圆环

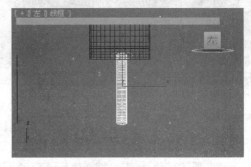

图2-77　放样效果

9. 选择刚放样完成的物体，在工具栏中选择【Mirror】（镜像：屏幕 坐标）特别，然后在【Mirror】（镜像）面板中设置坐标轴为 X 轴，将【Clone Selection】（克隆当前选择）模式设置为【Instance】（实例），如图 2-78 所示，然后单击【OK】（确定）按钮，完成操作。

10. 选择【移动】工具，调整其位置如图 2-79 所示。

11. 同时选中两条桌腿，在工具栏中选择【旋转】工具图标，在按住 Shift 键的同时旋转物体。完成复制操作后，选择【移动】工具进行调整，效果如图 2-80 所示。

12. 圆桌的创建工作已经完成。

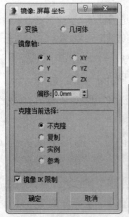

图2-78　镜像设置

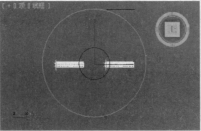

图2-79　调整位置

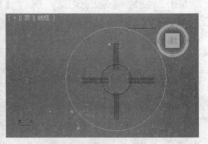

图2-80　旋转后的效果

2.1.10 椅子的建立

1．执行【Create→Standard Primitives→Box】（创建→标准基本体→长方体）命令，在顶视图中创建一个长方体作为椅子面，如图 2-81 所示。

2．执行【Modifiers→Mesh Editing→Edit Mesh】（修改器→网格编辑→编辑网格）命令，单击【Edit Mesh】（编辑网格）前面的加号（+），在子菜单中选择【Polygon】（多边形），添加【可编辑网格】修改器。如图 2-82 所示。

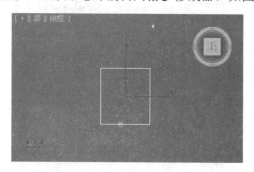

图2-81　创建长方体（椅子面）　　　　　　　　　　图2-82　添加【可编辑网格】修改器

3．将顶视图转化为底视图，选择【移动】工具，选中椅子面，如图 2-83 所示。

4．在【Edit Geometry】（编辑几何体）命令面板中选择【Extrude】（挤出），同时调整其数值，如图 2-84 所示，对椅子面进行拉伸。

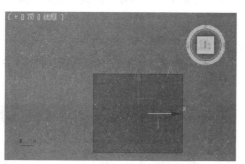

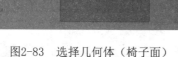

图2-83　选择几何体（椅子面）　　　　　　　　　图2-84　调整【挤出】数值

5．在【Edit Geometry】（编辑几何体）命令面板中选择【Bevel】（倒角），同时调整其数值，如图 2-85 所示，对椅子面进行倒角处理。

6．经过【Extrude 和 Bevel】（挤出和倒角）的处理，椅子面的效果如图 2-86 所示。

7．开始创建椅子腿。执行【Create→Standard Primitives→Box】（创建→标准基本体→长方体）命令，在左视图中创建一个长方体作为椅子腿，位置如图 2-87 所示。

8．在工具栏中选择【Mirror】（镜像）图标，然后在【Mirror】（镜像）面板中设置坐标轴为 X 轴，将【Clone Selection】（克隆当前选择）模式设置为【Instance】（实例），单击【OK】（确定）按钮，完成另一条椅子腿的复制，如图 2-88 所示。

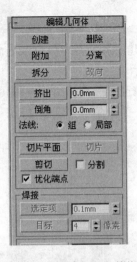

图 2-85　调整【倒角】数值

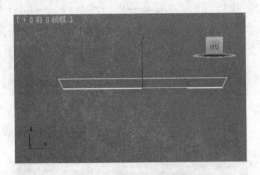

图 2-86　椅子面效果

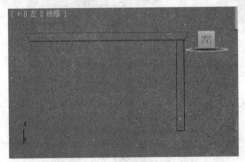

图2-87　创建长方体（椅子腿）

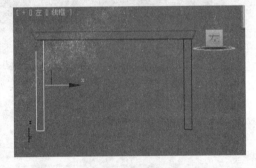

图2-88　镜像复制椅子腿

9．采用同样的方法再复制另外两条椅子腿，调整位置如图 2-89 所示。

10．执行【Create→Standard Primitives→Box】（创建→标准基本体→长方体）命令，在前视图中创建一个长方体作为椅子的靠背，如图 2-90 所示。

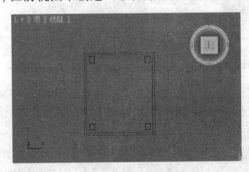

图2-89　椅子腿位置

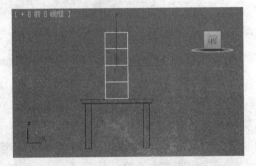

图2-90　创建长方体（椅子靠背）

11．执行【Modifiers→Mesh Editing→Edit Mesh】（修改器→网格编辑→编辑网格）命令，单击【Edit Mesh】（编辑网格）前面的加号（+），在子菜单中选择【Vertex】（顶点），然后对节点进行调整，效果如图 2-91 所示。

12．执行【Create→Shapes→Line】（创建→图形→直线）命令，在左视图中创建一条曲线，同时对接点进行调整和平滑处理，效果如图 2-92 所示。

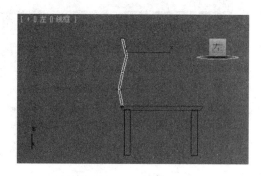
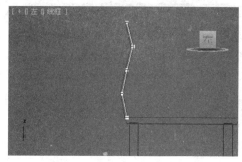

图2-91　调整节点　　　　　　　　　　　　图2-92　创建并调整曲线

13．执行【Create→Shapes→Circle】（创建→图形→圆）命令，在前视图中创建一个圆环作为一个放样截面，如图 2-93 所示。

14．首先选择作为路径的曲线，单击界面右侧【Create】（创建）命令面板中的【Geometry】（几何体），从其下拉列表中选择【Compounds Objects】（复合对象），在【Object Type】（对象类型）命令面板中单击【Loft】（放样）按钮， 然后在命令面板中单击【Get Shape】（获取图形）按钮，如图 2-94 所示。

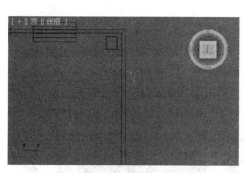

图2-93　创建圆环　　　　　　　　　　　图2-94　单击【获取图形】按钮

15．移动光标到创建的截面上，当鼠标指针变成如图 2-95 所示时单击，完成操作。

16．执行【Create→Standard Primitives→Cylinder】（创建→标准基本体→圆柱体）命令，在顶视图中创建一个圆柱体，如图 2-96 所示。

17．执行【Modifiers→Free Form Deformers→FFD4×4×4】（修改器→自由形式变形器→FFD4×4×4）命令，添加【FFD4×4×4】修改器，如图 2-97 所示。

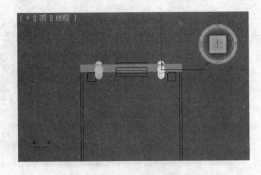

图 2-95　单击截面　　　　　　　　　　　图 2-96　创建圆柱体

18．单击【FFD 4×4×4】前面的加号（+），在子菜单中选择【Control Points】（控制点），如图 2-98 所示。

19．在工具栏中选择【缩放】工具图标，框选【Control Points】（控制点），对新建立的圆柱体进行调整，如图 2-99 所示。

20．执行【Create→Shapes→Line】（创建→图形→直线）命令，在左视图中创建一条曲线，同时对接点进行调整和平滑处理，效果如图 2-100 所示。

21．执行【Create→Shapes→Rectangle】（创建→图形→矩形）命令，在前视图中创建一个矩形作为放样截面，如图 2-101 所示。

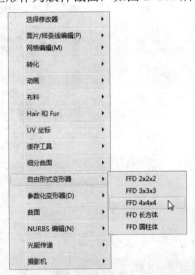

图 2-97　添加【FFD4×4×4】修改器　　　　　图 2-98　选择控制点

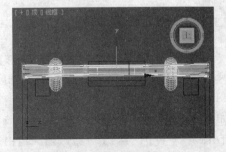

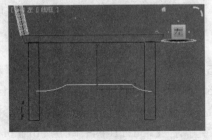

图 2-99　调整圆柱体　　　　　　　　　　图 2-100　创建曲线

22．选择作为路径的曲线，单击界面右侧【Create】（创建）命令面板中的【Geometry】（几何体），从其下拉列表中选择【Compounds Objects】（复合对象），在【Object Type】（对象类型）命令面板中单击【Loft】（放样）按钮，然后在命令面板中单击【Get Shape】（获取图形）按钮，最后单击截面完成操作。

23．执行【Create→Standard Primitives→Box】（创建→标准基本体→长方体）命令，在左视图中创建一个长方体，如图 2-102 所示。

图 2-101　创建矩形

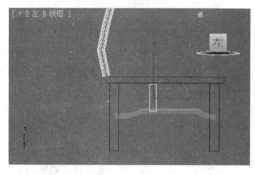
图 2-102　创建长方体

24．选中新创建的长方体，在工具栏中选择【移动】工具，在按住 Shift 键的同时拖动物体，复制一个新的长方体。将放样物体一起选中，分别进行复制，结果如图 2-103 所示。

25．单击菜单中的【Group】（组），从其下拉菜单中选择【Group】（组）单击，如图 2-104 所示。

26．在出现的【Group】（组）面板中将【Group Name】（组名）命名为"椅子"，如图 2-105 所示。

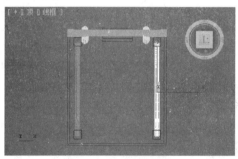

图 2-103　复制长方体　　　　图 2-104　选择【组】　　图 2-105　重新命名

2.1.11　沙发的建立

1．执行【Create→Extended Primitives→Chamfer Box】（创建→扩展基本体→切角长方体）命令，在顶视图中建立一个【Chamfer Box】（切角长方体），如图 2-106 所示。

2．选中新创建的【Chamfer Box】（切角长方体），在工具栏中选择【旋转】工具，然后在按住 Shift 键的同时旋转物体。在完成复制的同时，选择【移动】工具对其进行调整，最终效果如图 2-107 所示。

图 2-106　创建切角长方体

图 2-107　复制并旋转切角长方体

3．执行【Create→Extended Primitives→Chamfer Box】（创建→扩展基本体→切角长方体）命令，在顶视图中建立一个【Chamfer Box】（切角长方体），如图 2-108 和图 2-109 所示。

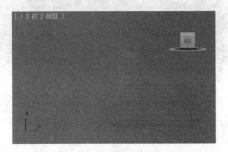
图 2-108　移动复制

图 2-109　复制调整

4．执行【Create→Shapes→Line】（创建→图形→线）命令，在前视图中创建一条曲线，同时对接点进行调整和平滑处理，效果如图 2-110 所示。

5．执行【Create→Shapes→Rectangle】（创建→图形→矩形）命令，在前视图中创建一个矩形作为一个放样截面，如图 2-111 所示。

6．首先选择作为路径的曲线，单击界面右侧【Create】（创建）命令面板中的【Geometry】（几何体），从其下拉列表中选择【Compounds Objects】（复合对象），在【Object Type】（对象类型）命令面板中单击【Loft】（放样）按钮，然后在命令面板中单击【Get Shape】（获取图形）按钮，最后移动光标到创建的截面上单击完成操作，同时对其进行复制并调整位置，效果如图 2-112 所示。

7．执行【Create→Extended Primitives→Chamfer Box】（创建→扩展基本体→切角长方体）命令，在顶视图中建立一个【Chamfer Box】（切角长方体），选择【移动】和【旋转】工具，对其进行调整，位置如图 2-113 所示。

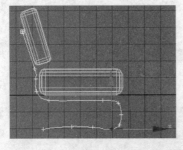
图 2-110　创建曲线

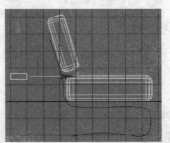
图 2-111　创建矩形

8. 执行【Modifiers→Free Form Deformers→FFD4×4×4】（修改器→自由形式变形器→FFD4×4×4)命令，单击【FFD 4×4×4】前面的加号(+)，在子菜单中选择【Control Points】（控制点），选择【移动】工具对【Control Points】（控制点）进行调整，最后将其复制、移、旋转，效果如图 2-114 所示。

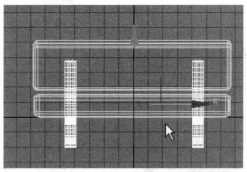

图 2-112 物体放样

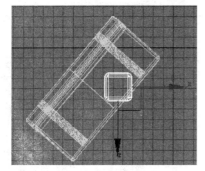

图 2-113 创建切角长方体

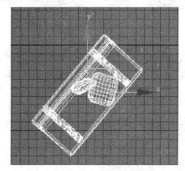

图 2-114 调整控制点

2.1.12 茶具的制作

1. 执行【Create→Shapes→Line】（创建→图形→直线）命令，在前视图中创建一条封闭的曲线，同时对接点进行平滑处理，效果如图 2-115 所示。

2. 执行【Modifiers→Patch/Spline Editing→Lathe】（修改器→面片/样条线编辑→车削）命令，或者单击修改选项卡的下拉菜单，从中选择【Lathe】（车削）修改器，如图 2-116 所示。

3. 经过【Lathe】（车削）修改器的调整，封闭的曲线旋转成一个壶体，然后在其上方重新建立一条封闭的曲线作为壶盖，如图 2-117 所示。

4. 执行【Modifiers→Patch/Spline Editing→Lathe】（修改器→面片/样条线编辑→车削）命令，让壶盖完成旋转，执行【Create→Standard Primitives→Cylinder】（创建→标准基本体→圆柱体）命令，在顶视图中创建一个圆柱体，对其进行旋转移动。

5. 执行【Modifiers→Free Form Deformers→FFD4×4×4】（修改器→自由形式变形器→FFD4×4×4)命令，单击【FFD 4×4×4】前面的加号(+)，在子菜单中选择【Control Points】（控制点），选择【移动】工具对【Control Points】（控制点）进行调整，效果如图 2-118 所示。

6. 执行【Create→Standard Primitives→Box】（创建→标准基本体→长方体）命

令，在前视图中创建一个长方体，如图 2-119 所示。

图 2-115　创建封闭曲线　　　　　　　图 2-116　添加【车削】修改器

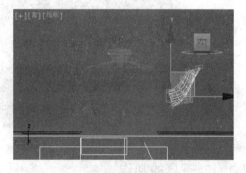

图 2-117　创建新封闭曲线　　　　　　　图 2-118　调整控制点

7. 执行【Modifiers→Mesh Editing→Edit Mesh】（修改器→网格编辑→编辑网格）命令或者单击【Modify】（修改）选项卡的下拉菜单从中选择【Edit Mesh】（编辑网格)修改器，然后单击【Edit Mesh】(编辑网格)前面的加号(+)，在子菜单中选择【Vertex】(顶点)，同时选择【移动】工具对节点进行调整，效果如图 2-120～图 2-122 所示。

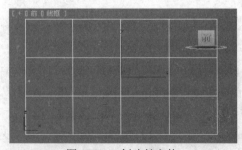

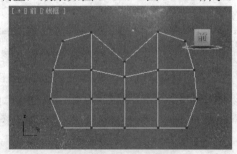

图 2-119　创建长方体　　　　　　　图 2-120　调整节点

8. 单击【Modify】（修改）选项卡的下拉菜单，从中选择【Mesh Smooth】（网格平滑）修改器，如图 2-123 所示。

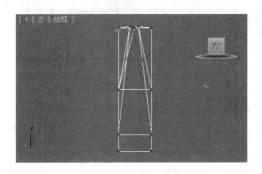
图 2-121 调整节点

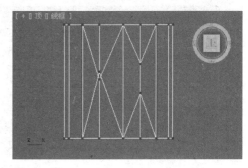
图 2-122 调整结点

9. 在【Subdivision Amount】（细分量）命令面板中将【Smoothness】（平滑度)的数值设置为 1.0，如图 2-124 所示。

图 2-123 添加【网格平滑】修改器 　　　　图 2-124 设置【细分量】命令面板

10. 在工具栏中选择【Mirror】（镜像） ，然后在【Mirror】（镜像）面板中设置坐标轴为 X 轴，将【Clone Selection】（克隆当前选择）模式设置为【Instance】（实例），单击【OK】（确定）按钮，完成操作，再调整位置如图 2-125 所示。

11. 执行【Create→Shapes→Line】（创建→图形→线）命令，在左视图中创建一条曲线作为壶把的放样路径，同时对接点进行平滑处理，效果如图 2-126 所示。

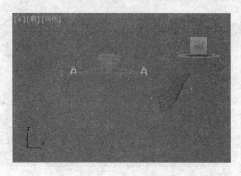

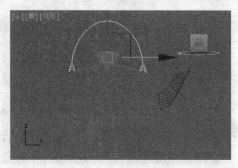

图 2-125　镜像复制　　　　　　　　　图 2-126　创建并调整曲线

12．执行【Create→Shapes→Circle】（创建→图形→圆）命令，在顶视图中创建一个圆环作为放样截面，如图 2-127 所示。

13．首先选择作为路径的曲线，单击界面右侧【Create】（创建）命令面板中的【Geometry】（几何体），从其下拉列表中选择【Compounds Objects】（复合对象），在【Object Type】（对象类型）命令面板中单击【Loft】（放样）按钮，然后在命令面板中单击【Get Shape】（获取图形）按钮，最后移动鼠标，在创建的截面上单击，完成放样操作。

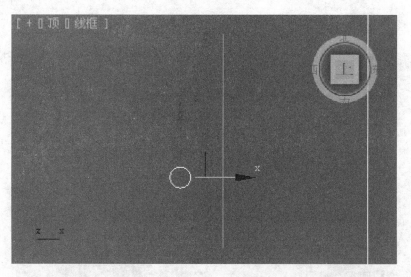

图 2-127　创建圆环

2.1.13　灯的制作

1．执行【Create→Standard Primitives→Tube】命令，在前视图中建立一个【Tube】（管状体），选择【移动】工具，对其进行调整，位置如图 2-128 所示。

2．设置基本参数如图 2-129 所示。

3．执行【Create→Extended Primitives→Capsule】（创建→扩展基本体→胶囊）命令，在前视图中建立一个【Capsule】（胶囊），位置如图 2-130 所示。

4．设置基本参数如图 2-131 所示。

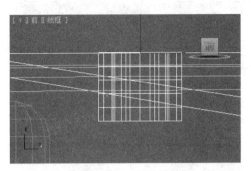

图 2-128　创建管状体　　　　　　　　　　　图 2-129　设置基本参数

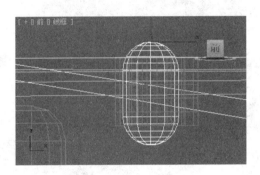

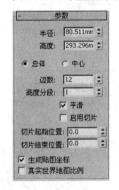

图 2-130　创建胶囊　　　　　　　　　　　图 2-131　设置基本参数

5．在 3D 界面的右上方单击鼠标右键,在弹出的菜单中选择【Extras】（附加），如图 2-132 所示。

6．设置【附加】命令面板，如图 2-133 所示。

图 2-132　选择【附加】　　　　　　　图 2-133　【附加】命令面板

7．选中制作好的筒灯,在【Array】(阵列)的面板中进行设置,将【Type of Object】(对象类型)设置为【Instance】（实例），【1D】设置为 15，如图 2-134 所示。

8．重复上述步骤并依次复制筒灯,最终效果如图 2-135 所示。

9．执行【Create→Shapes→Line】（创建→图形→直线）命令，在前视图中创建一条曲线，对接点进行平滑处理，效果如图 2-136 所示。

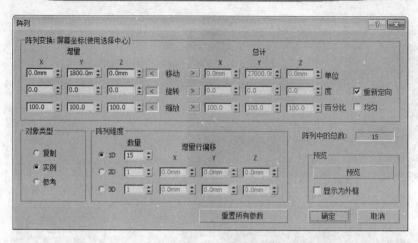

图 2-134　设置【阵列】面板

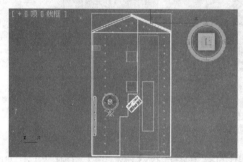

图 2-135　筒灯制作完毕效果

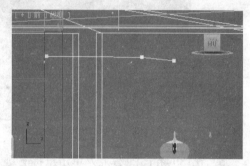

图 2-136　创建曲线

10. 执行【Create→Shapes→Circle】（创建→图形→圆）命令，在左视图中创建一个圆环作为放样截面，如图 2-137 所示。

11. 首先选择作为路径的曲线，单击界面右侧【Create】（创建）命令面板中的【Geometry】（几何体），从其下拉列表中选择【Compounds Objects】（复合对象），在【Object Type】（对象类型）命令面板中单击【Loft】（放样）按钮，然后在命令面板中单击【Get Shape】（获取图形）按钮，最后移动光标到创建的截面上单击，完成操作。

12. 执行【Create→Shapes→Line】（创建→图形→直线）命令，在前视图中创建一条封闭曲线，同时对接点进行平滑处理，效果如图 2-138 所示。

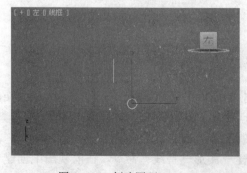

图 2-137　创建圆环

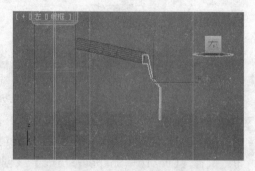

图 2-138　创建封闭曲线

13. 执行【Modifiers→Patch/Spline Editing→Lathe】（修改器→面片/样条线编

辑→车削）命令，或者单击【Modify】（修改）![图标]选项卡的下拉菜单，从中选择【Lathe】（车削）修改器，如图 2-139 所示。

14. 旋转封闭曲线，效果如图 2-140 所示。

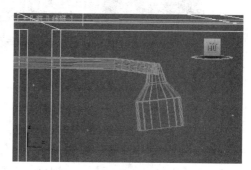

图 2-139　添加【车削】修改器　　　　　　图 2-140　旋转封闭曲线效果

15. 选中制作好的灯，在【Array】（阵列）的面板中进行设置，【Type of Object】（对象类型）设置为【Instance】（实例），【1D】设置为 10，如图 2-141 所示。

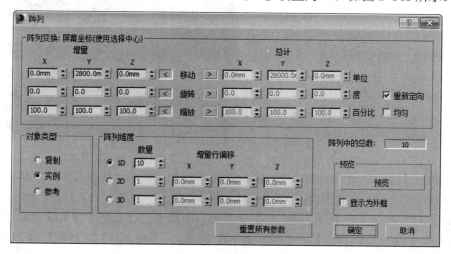

图 2-141　设置【阵列】面板

2.1.14　相框的制作

1. 执行【Create→Extended Primitives→Chamfer Box】（创建→扩展基本体→切角长方体）命令，在前视图中建立一个【Chamfer Box】（切角长方体），选择【移动】工具，对其进行调整，位置如图 2-142 所示。

2. 在右侧长方体的【Parameters】（参数）面板中，设置基本参数【Length】（长度）为 1319.42mm、【Width】（宽度）为 1061.27mm、【Height】（高度）为 143.0mm、【Fillet】（圆角）为 28.683 mm，如图 2-143 所示。

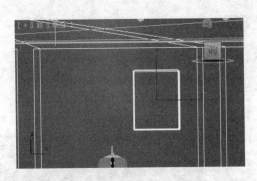

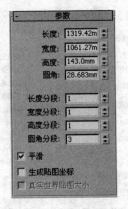

图 2-142　创建切角长方体　　　　　　　　　图 2-143　设置参数面板

3．选中新创建的【Chamfer Box】（切角长方体），在工具栏中选择缩放工具，然后在按住 Shift 键的同时缩放物体，如图 2-144 所示。

4．首先选择作为地面的大的【Chamfer Box】（切角长方体），执行【Create→Compound→Boolean】（创建→复合对象→布尔）命令，然后在【Pick Boolean】（拾取布尔）面板中单击【Pick Operand】（拾取操作对象），最后移动光标到小的【Chamfer Box】（切角长方体）上单击，完成操作，效果如图 2-145 所示。

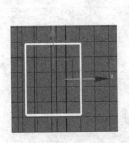

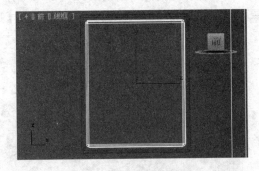

图 2-144　缩放切角长方体　　　　　　　　　图 2-145　布尔运算效果

5．执行【Create→Standard Primitives→Box】（创建→标准基本体→长方体）命令，在前视图中创建一个长方体，如图 2-146 所示。

6．在右侧长方体的【Parameters】（参数）面板中，设置基本参数【Length】（长度）为 516.295mm、【Width】（宽度）为 401.563mm、【Height】（高度）为 21.512mm，如图 2-147 所示。

7．执行【Create→Shapes→Rectangle】（创建→图形→矩形）命令，在前视图中创建一个矩形，如图 2-148 所示。

8．执行【Modifiers→Patch/Spline Editing→Edit Spline】（修改器→面片/样条线编辑→编辑样条线）命令，或者单击【Modify】（修改）选项卡的下拉菜单，从中选择【Edit Spline】（编辑样条线）修改器，如图 2-149 所示。

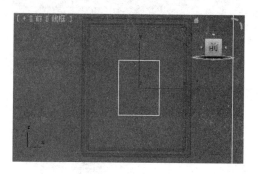

图 2-146　创建长方体　　　　　　　　　　　　　　图 2-147　设置参数面板

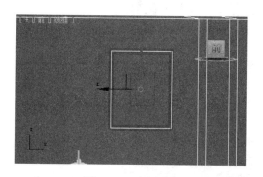

图 2-148　创建矩形　　　　　　　　　　　　图 2-149　添加【编辑样条线】修改器

9. 单击【Edit Spline】（编辑样条线）前面的加号(+)，然后在子菜单中选择【Spline】（样条线），如图 2-150 所示。

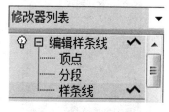

图 2-150　选择【样条线】

10. 在命令面板中选择【Outline】（轮廓），对数值进行设置，如图 2-151 所示。

11. 执行【Modifiers→Mesh Editing→ Extrude】命令，或者单击【Modify】（修改）选项卡的下拉菜单，从中选择【Extrude】（挤出）修改器，如图 2-152 所示。

图 2-151　设置【轮廓】数值

图 2-152　旋转【挤出】修改器

12. 在【Parameters】（参数）面板中将【Amount】（数量）设置为 12.7，如图 2-153 所示。

13. 最终位置如图 2-154 所示。

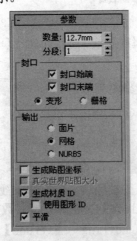

图 2-153　设置参数面板

图 2-154　最终位置

2.2 制作餐厅材质

2.2.1 地面材质的赋予

1. 制作地面的材质。执行【Rendering→Material Editor→Compact Material Editor】(渲染→材质编辑器→精简材质编辑器)命令，或者在工具栏中选择【Material Editor】（材质编辑器）图标并单击，出现【Material Editor】（材质编辑器）面板，如图 2-155 所示。

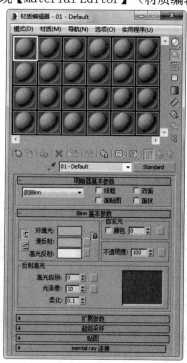

图 2-155　打开【材质编辑器】面板

2．单击 Standard 按钮，弹出【材质/贴图浏览器】，展开 "Autodesk Material Library" → "陶瓷" → "瓷砖" 卷展栏，如图 2-156 所示，从中选择 "带嵌入式菱形的 4 英寸方形—褐色" 并双击，如图 2-157 所示。

3．在视图中选择地面，然后单击图标，将材质赋予地面。选择 "修改" 面板下的 UVW 贴图，对其进行设置。赋予地面材质后的效果如图 2-158 所示。

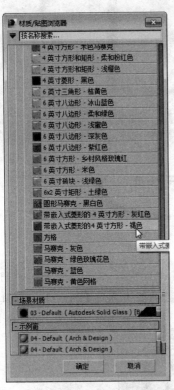

图 2-156 选择 "瓷砖"

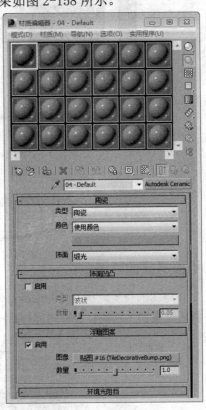

图 2-157 选择 "带嵌入式菱形的 4 英寸方形—褐色"

图 2-158 地面效果

2.2.2 椅子材质的赋予

1. 选择一个新的材质球，单击 Standard 按钮，展开 "Autodesk Material Library"
→ "木材" → "面板" 卷展栏，如图 2-159 所示，从中选择 "柚木-天然中光泽实心" 并
双击，材质编辑器如图 2-160 所示。

图 2-159　选择 "木材"

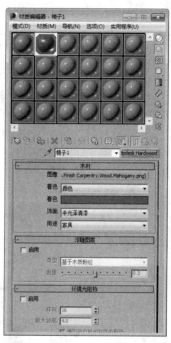

图 1-160　选择 "柚木-天然中光泽实心"

2. 椅子的材质制作比较简单，在视图中选择所有的椅子，然后单击图标，将材质
赋予椅子，即可完成椅子的制作，效果如图 2-161 所示。

图 2-161　椅子效果

79

2.2.3 圆桌材质的赋予

1．选择一个新的材质球，单击 Standard 按钮，弹出【材质/贴图浏览器】，展开 "Autodesk Material Library" → "玻璃" → "玻璃制品" 卷展栏，如图 2-156 所示，从中选择 "清晰-黄色"。

2．在视图中选择桌面，然后单击图标，将材质赋予桌子，完成桌子的制作。赋予桌子材质后的效果如图 2-162 所示。

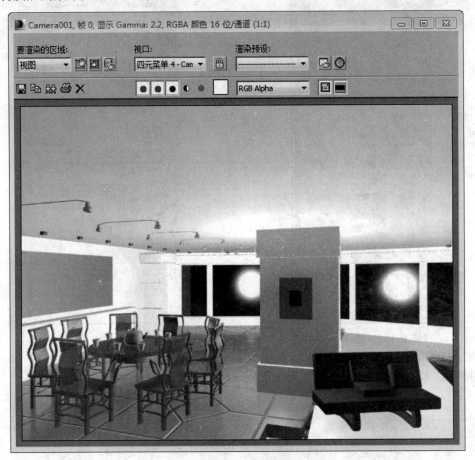

图 2-162　桌子效果

2.2.4 金属材质的赋予

1．选择一个新的材质球，单击 Standard 按钮，弹出【材质/贴图浏览器】，展开 "Autodesk Material Library" → "金属" → "钢" 卷展栏，如图 2-163 所示，从中选择 "不锈钢-抛光" 并双击，材质编辑器如图 2-164 所示。

2．在视图中选择桌腿，然后单击图标，将材质赋予桌腿，完成桌腿材质的制作。赋予桌腿材质后的效果如图 2-165 所示。

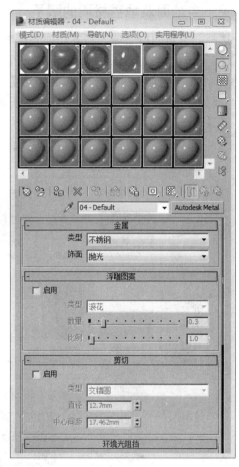

图 2-163　选择"金属"　　　　　　图 2-164　选择"不锈钢-抛光"

图 2-165　桌腿效果

2.2.5 另一半地面及地毯材质的赋予

1. 选择一个新的材质球，将其切换到标准材质，单击【Diffuse】（漫反射）后面的【None】（无）按钮，打开【Material/Map Browser】（材质/贴图浏览器）面板，从中选择【Bitmap】（位图）并单击，然后打开【Select Bitmap Image File】（选择位图图像文件）面板，选择一种木材，如图 2-166 所示，完成打开操作。

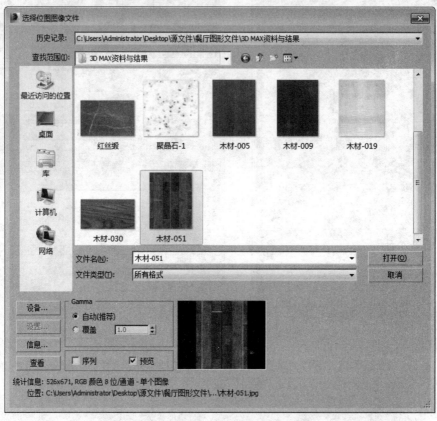

图 2-166　选择"木材"

2. 在【Coordinates】（坐标）面板中对其基本参数进行设置，将【Tiling 】设置为 10.0 和 5，【Blue】（模糊）设置为 1.0，如图 2-167 所示。

3. 在材质编辑器面板中单击【Go to Parent】（转到父对象）按钮，回到上层命令面板，然后进行设置，将【Ambient】（环境光）调为一种灰色，【Specular Level】（高光级别）设置为 67，【Glossiness】（光泽度）设置为 10，如图 2-168 所示。

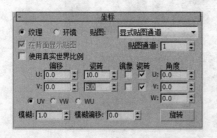

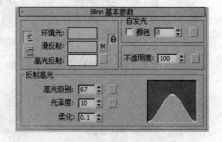

图 2-167　设置【坐标】面板　　　　　　　图 2-168　设置参数

4. 进行地毯的制作。同样，选择一个新的材质球，单击【Diffuse】（漫反射）后面的【None】（无）按钮，打开【Material/Map Browser】（材质/贴图浏览器）面板，从中选择【Bitmap】（位图）单击，然后打开【Select Bitmap Image File】（选择位图图像文件）面板，选择一块地毯，如图 2-169 所示，完成打开操作。

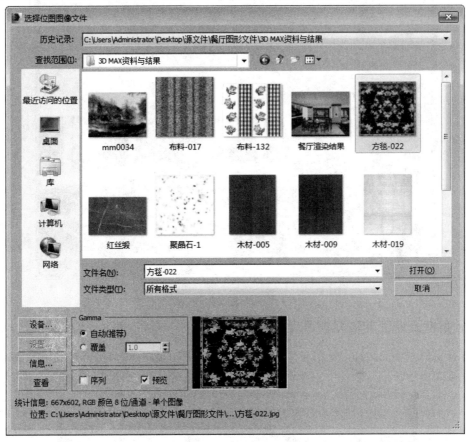

图 2-169　选择"地毯"

5. 在【Coordinates】（坐标）面板中对其基本参数进行设置，【Tiling 】（瓷砖）设置为 15.0 和 15.0，【Blue】（模糊）设置为 1.0，如图 2-170 所示。

6. 单击【Go to Parent】（转到父对象）按钮，回到上层命令面板，然后进行设置，将【Specular Level】（高光级别）设置为 0，【Glossiness】（光泽度）设置为 10，如图 2-171 所示。

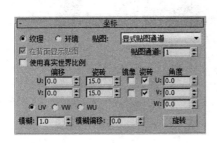

图 2-170　设置【坐标】面板

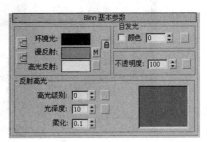

图 2-171　设置参数

7. 分别选择剩余的地面和地毯，单击图标 ，将材质赋予物体，效果如图 2-172 所示。

图 2-172　地面和地毯效果

2.2.6 窗框及墙面装饰材质的赋予

选择窗框及墙面装饰，采用与椅子相同的材质，单击图标 ，将材质赋予物体，效果如图 2-173 所示。

图 2-173　窗框与墙面装饰效果

2.2.7　相框材质的赋予

1. 选择一个新的材质球，单击 Standard 按钮，弹出【材质/贴图浏览器】，展开 "Autodesk Material Library" → "墙漆" 卷展栏，如图 2-174 所示，从中选择 "冷白色" 并双击，如图 2-175 所示。

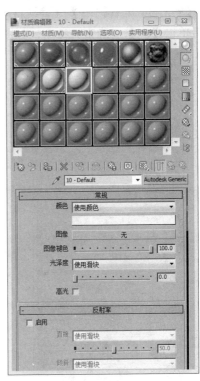

图 2-174　选择 "墙漆"　　　　　　　　图 2-175　选择 "冷白色"

2. 在视图中选择相框后面的墙，然后单击图标，将材质赋予墙面。

3. 同样，设置相框材质，完成相框材质的制作。赋予相框材质后的效果如图 2-176 所示。

图 2-176　相框效果

2.2.8 沙发材质的制作

1. 选择一个新的材质球，单击【Material Editor】（材质编辑器）面板右侧的【Standard】（标准）按钮，打开【Material/Map Browser】（材质/贴图浏览器）面板，从中选择【Multi/Sub-Object】（多维/子对象）并单击，如图 2-177 所示。

2. 在【Replace Material】（替换材质）面板中选择【Discard old】（丢弃旧材质）选项，然后单击【OK】（确定）按钮，如图 2-178 所示。

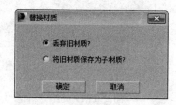

图 2-177　选择（多维/子对象）　　　　图 2-178　选择"丢弃旧材质"

3. 出现【Multi/Sub-Object Basic Parameters】（多维/子对象基本参数）命令面板，如图 2-179 所示。

4. 在【Multi/Sub-Object Basic Parameters】（多维/子对象基本参数）命令面板中单击【Set Number】（设置数量）按钮，打开【Set Number of Materials】（设置材质数量）面板，将【Number of Materials】（材质数量）的数值设置为 2，然后单击【OK】（确定）按钮，如图 2-180 所示。

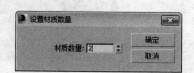

图 2-179　【多维/子对象基本参数】命令面板　　　　图 2-180　设置材质数量

5．此时，【Multi/Sub-Object Basic Parameters】（多维/子对象基本参数）命令面板变为如图 2-181 所示。

6．单击 ID 号为 1 的材质球后面的【Standard】（标准）按钮，同样也打开一个【Material/Map Browser】（材质/贴图浏览器）面板，从中选择【Bitmap】（位图）并单击，然后打开【Select Bitmap Image File】（选择位图图像文件）面板，从光盘中选择一种布料，如图 2-182 所示，完成打开操作。

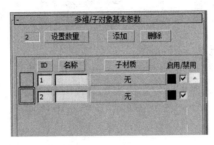

图 2-181　命令面板发生变化

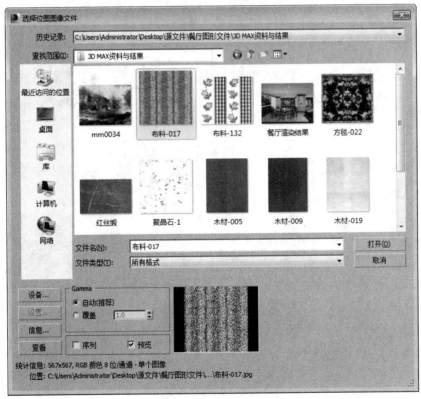

图 2-182　选择"布料"

7．单击【Go to Parent】（转到父对象）按钮，回到上层命令面板，然后进行设置，将【Self-Illumination】（自发光颜色）进行调整，设置【Red】（红）为 91、【Green】（绿）为 82、【Blue】（蓝）为 57，如图 2-183 所示。

8．将【Ambient】（环境光）调为一种灰色，【Specular Level】（高光级别）设置为 31，【Glossiness】（光泽度）设置为 18，如图 2-184 所示。

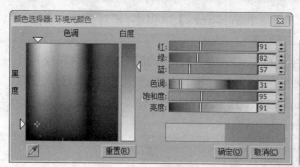

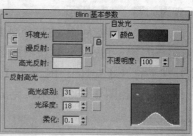

图 2-183　设置自发光颜色　　　　　　　　　图 2-184　设置参数

9．单击 ID 号为 2 的材质球后面的【Standard】（标准）按钮，打开【Material/Map Browser】（材质/贴图浏览器）面板，从中选择【Bitmap】（位图），打开【Select Bitmap Image File】（选择位图图像文件）面板，从光盘中选择一种布料，如图 2-185 所示，完成打开操作。

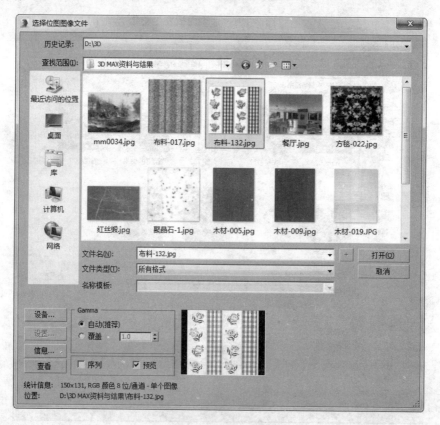

图 2-185　选择"布料"

10．单击【Go to Parent】（转到父对象）按钮，回到上层命令面板，然后进行设置。将【Self-Illumination】（自发光颜色）的颜色进行调整，设置【Red】（红）为 69，【Green】（绿）为 44，【Blue】（篮）为 0，如图 2-186 所示。

11．将【Ambient】（环境光）调为一种灰色，【Specular Level】（高光级别）设置为 35，【Glossiness】（光泽度）设置为 21，如图 2-187 所示。

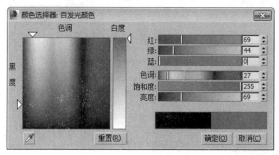

图 2-186　设置自发光颜色

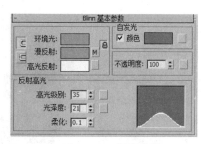

图 2-187　设置参数

12．混合材质的效果如图 2-188 所示。分别选择沙发的各部分，利用上述方法完成剩余材质的设置并为物体赋予材质，效果如图 2-189 所示。

图 2-188　混合材质效果

图 2-189　沙发效果

2.3　餐厅灯光的创建

2.3.1　太阳光系统的建立

1．在创建面板上单击"系统"按钮，进入标准灯光创建面板，单击"太阳光"按钮，如图 2-190 所示。

2．在右视图中创建一个太阳光系统，位置如图 2-191 所示。

3．在【General Parameters】（常规参数） 命令面板中进行设置，将【Light Type】（灯光类型）设置为【On】（启用），【Shadows】（阴影）同样设置为【On】（启用），将【Multip】（倍增）数值设置为 0.4，如图 2-192 所示。

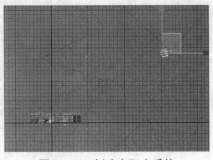

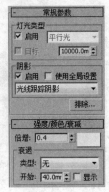

图 2-190　执行太阳光命令　　　图 2-191　创建太阳光系统　　　图 2-192　设置【常规参数】

2.3.2　建立地面和天花灯光

1．执行【Create→Lights→Standard Lights→Omni】（创建→灯光→标准灯光→泛光灯）命令，或者在右侧命令面板【Object Type】（对象类型）中选择【Omni】（泛光灯）并单击，如图 2-193 所示。

2．在右视图中创建一盏【Omni】（泛光灯），位置如图 2-194 所示。

3．在【General Parameters】（常规参数）命令面板中，将【Light Type】（灯光类型）设置为【On】（启用），在【Shadows】（阴影）中取消【On】（启用）的选择，将【Multip】（倍增）数值设置为 0.4，色彩设置为土黄色，如图 2-195 所示。

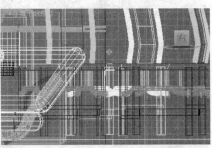

图 2-193　执行泛光灯命令　　　　图 2-194　创建泛光灯　　　　图 2-195　设置命令面板

4．对此盏灯进行排除功能设置。在【Exclude/Include】（排除/包含）面板中单击【Include】（包含），然后将【dimian】（地面）和【dimian1】（地面 1）选中，如图 2-196 所示，单击【OK】（确定）按钮完成操作。

5．选中刚建立的【Omni】（泛光灯），在工具栏中选择【移动】工具，然后在按住 Shift 键的同时拖动【Omni】（泛光灯），复制一盏新的灯光，调整位置如图 2-197 所示。

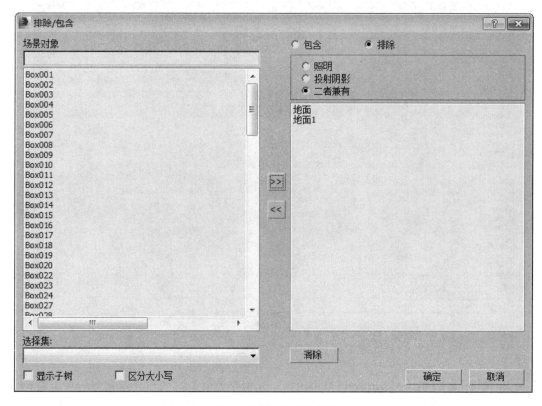

图 2-196　排除功能设置

6. 在【General Parameters】（常规参数）命令面板中进行设置，将【Light Type】（灯光类型）设置为【On】（启用），在【Shadows】（阴影）中取消【On】（启用）的选择，将【Multip】（倍增）数值设置为 0.4，色彩设置为白色，如图 2-198 所示。

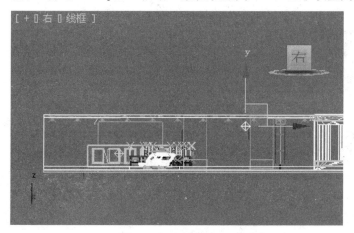

图 2-197　创建泛光灯

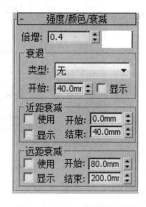

图 2-198　设置命令面板

7. 同样，对这盏灯进行排除功能设置，在【Exclude/Include】（排除/包含）面板中单击【Include】（包含），然后将【dimian】（地面）选中，如图 2-199 所示，单击【OK】（确定）按钮，完成操作。

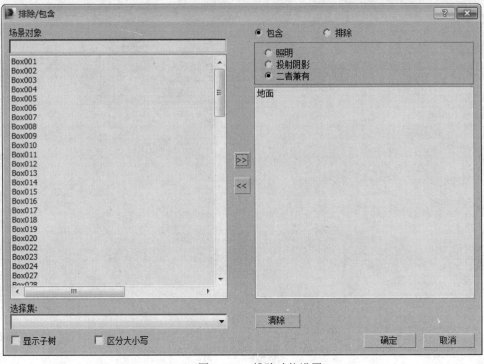

图 2-199　排除功能设置

8. 执行【Create→Lights→Standard Lights→Omni】（创建→灯光→标准灯光→泛光灯）命令，或者在右侧命令面板【Object Type】（对象类型）中选择【Omni】（泛光灯）并单击，在右视图中，建立一盏【Omni】（泛光灯），位置如图 2-200 所示。

9. 在【General Parameters】（常规参数）命令面板中将【Light Type】（灯光类型）设置为【On】（启用），在【Shadows】（阴影）中取消【On】（启用）的选择，将【Multip】（倍增）数值设置为 0.5，色彩设置为黄灰色，如图 2-201 所示。

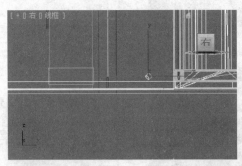

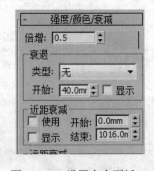

图 2-200　创建泛光灯　　　　　　　　　　图 2-201　设置命令面板

10. 对这盏灯进行排除功能设置。在【Exclude/Include】（排除/包含）面板中单击【Include】（包含），然后将【tianhua】（天花）选中，如图 2-202 所示，单击【OK】（确定）按钮，完成操作。

11. 选中刚建立的【Omni】（泛光灯），在工具栏中选择【移动】工具，然后在按住 Shift 键的同时拖动【Omni】（泛光灯），复制一盏新的灯光，调整位置如图 2-203 所示。

12. 相同的方法再复制一盏【Omni】（泛光灯），调整位置如图 2-204 所示。

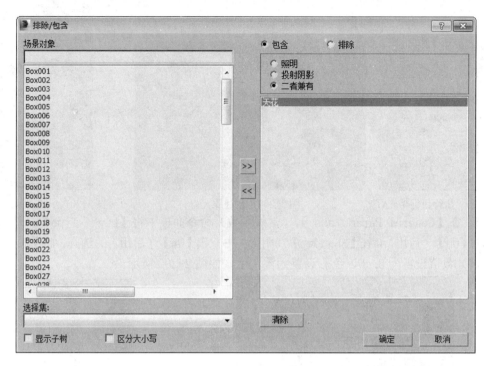

图 2-202　排除功能设置

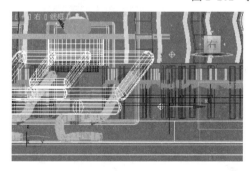

图 2-203　复制一盏泛光灯

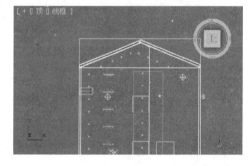

图 2-204　再复制一盏泛光灯

2.3.3 墙面和桌椅灯光的建立

1. 执行【Create→Lights→Standard Lights→Target Spotlight】（创建→灯光→标准灯光→目标聚光灯）命令，或在【Object Type】（对象类型）面板中选择【Target Spotlight】（目标聚光灯）并单击，如图 2-205 所示。

2. 在顶视图中创建一盏【Target Spot】（目标聚光灯），位置调整如图 2-206 所示。

3. 在【General Parameters】（常规参数）命令面板中将【Light Type】（灯光类型）为【On】（启用），在【Shadows】（阴影）中取消【On】（启用）的选择，将【Multip】（倍增）数值设置为 1.2，色彩设置为淡黄色，如图 2-207 所示。

4. 执行【Create→Lights→Standard Lights→Target Spotlight】（创建→灯光→标准灯光→目标聚光灯）命令，再在顶视图中创建一盏【Target Spot】（目标聚光灯），位置调整如图 2-208 所示。

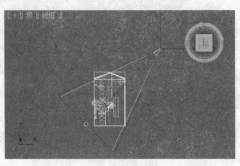

图 2-205　执行目标聚光灯　　　　　　图 2-206　创建聚光灯　　　　　　图 2-207　设置命令面板

5. 在【General Parameters 】（常规参数）命令面板中将【Light Type】（灯光类型）为【On】（启用），在【Shadows】（阴影）中取消【On】（启用）的选择，将【Multip】（倍增）数值设置为 0.46，色彩设置为黄灰色，如图 2-209 所示。

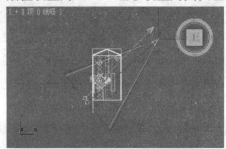
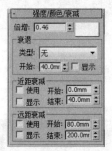

图 2-208　再创建一盏泛光灯　　　　　　　　图 2-209　设置命令面板

6. 选择【Exclude】（排除），如图 2-210 所示，单击【OK】（确定）按钮完成操作。

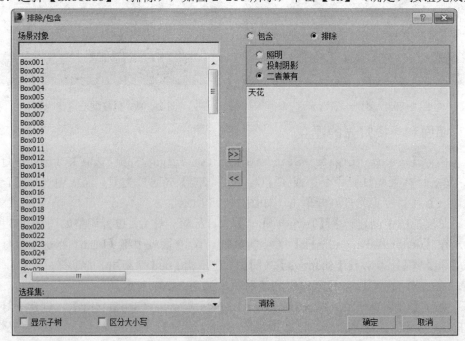

图 2-210　排除功能设置

7. 执行【Create→Lights→Standard Lights→Target Spotlight】（创建→灯光→标准灯光→目标聚光灯）命令或者单击【Create】（创建）命令面板中的按钮，然后在【Object Type】（对象类型）面板中选择【Target Spot】（目标聚光灯）并单击，在右视图中创建一盏【Target Spot】（目标聚光灯），位置调整如图 2-211 所示。

8. 在【General Parameters 】（常规参数）命令面板中将【Light Type】（灯光类型）为【On】（启用），【Shadows】（阴影）同样设置为【On】（启用），将【Multip】（倍增）数值设置为 0.7，色彩设置为中黄色，如图 2-212 所示，同时在【Exclude/Include】（排除/包含）面板中对这盏灯进行排除功能设置，单击【Include】（包含），然后将"yuanzhuo"选中，单击【OK】（确定）按钮完成操作。

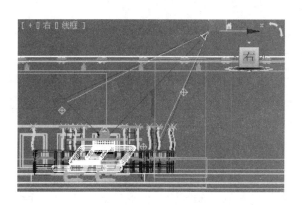

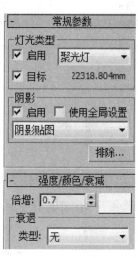

图 2-211　创建新聚光灯　　　　　　　　　图 2-212　设置命令面板

9. 在右视图中重新创建一盏【Target Spot】（目标聚光灯），位置调整如图 2-213 所示。

10. 对这盏灯进行排除功能设置。单击【Exclude】（排除），然后将所有的"椅子"选中，单击【OK】（确定）按钮完成操作，如图 2-214 所示。

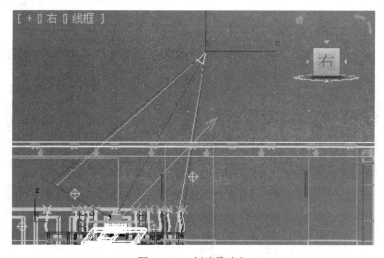

图 2-213　创建聚光灯

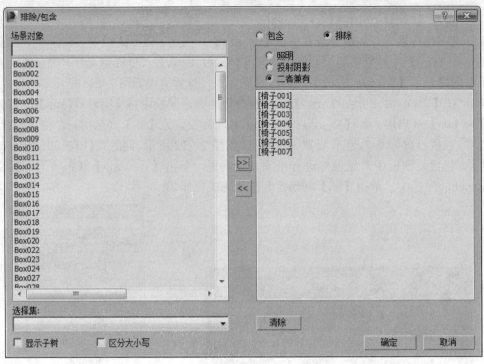

图 2-214　排除功能设置

2.3.4　桌子和搁架灯光的建立

1. 执行【Create→Lights→Standard Lights→Target Spotlight】（创建→灯光→标准灯光→目标聚光灯）命令，在顶视图中创建一盏目标聚光灯，位置调整如图 2-215 所示。

2. 在【General Parameters】（常规参数）命令面板中将【Light Type】（灯光类型）为【On】（启用），【Shadows】（阴影）同样设置为【On】（启用），将【Multip】（倍增）数值设置为 0.7，色彩设置为淡黄色，如图 2-216 所示。

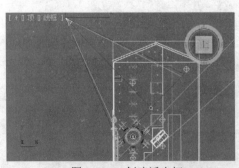

图 2-215　创建泛光灯

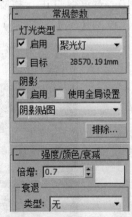

图 2-216　设置命令面板

3. 同样在【Exclude/Include】（排除/包含）面板中对这盏灯进行排除功能设置，单击【Exclude】（排除），然后将 "zhudi" "zhudi01" "zhuding" "zhuding1" "zhuzi" "zhuzi1" 选中，单击【OK】（确定）按钮完成操作，如图 2-217 所示。

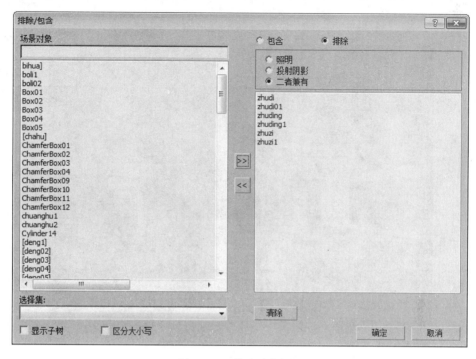

图 2-217　排除功能设置

4. 选中刚建立的目标聚光灯，在工具栏中选择【移动】工具，然后在按住 Shift 键的同时拖动【Target Spot】（目标聚光灯），复制一盏新的灯光，调整位置如图 2-218 所示。

5. 执行【Create→Lights→Standard Lights→Target Spotlight】（创建→灯光→标准灯光→目标聚光灯）命令，在顶视图中新创建一盏目标聚光灯，位置如图 2-219 所示。

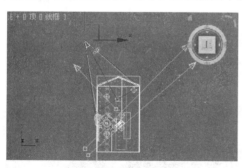

图 2-218　复制目标聚光灯

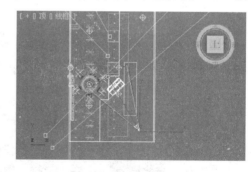

图 2-219　新创建目标聚光灯

6. 在【General Parameters 】（常规参数）命令面板中设【Light Type】（灯光类型）设置为【On】（启用），设置【Shadows】（阴影）为【On】（启用），将【Multip】（倍增）数值设置为 0.4，色彩设置为中黄色。

7. 餐厅的灯光设置已经完成。

8. 在工具栏中单击按钮 ，对已建立的餐厅进行渲染，也可以根据实际情况对灯光进行布置并调节，最终效果如图 2-220 所示。

9. 将渲染的图片设置为 JPG 格式并保存，为下一步在 Photoshop 里面进行图像处理做好准备。

图 2-220　最终效果

2.4 餐厅的图像合成

1. 执行【文件】→【打开】命令，在目录或光盘中选择"餐厅.jpg"打开，如图 2-221
所示。

图 2-221　打开餐厅图片

2．单击【图层】→【新建】→【图层】对话框，将图层名称更名为"餐厅"，如图2-222 所示，单击【确定】按钮。

3．打开一张盆景的图片，单击【魔棒】选择工具图标，在盆景图片的白色区域内单击，执行【选择】→【反向】命令，再执行【编辑】→【拷贝】命令。然后回到"餐厅"画布上，执行【编辑】→【粘贴】命令，效果如图 2-223 所示。

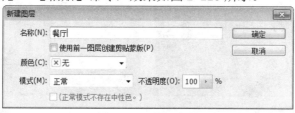

图 2-222　图层命名

图 2-223　置入盆景图片

4．选择放大镜工具，将视图放大。执行【编辑】→【自由变换】命令，然后逐步调整盆景的大小和位置，如图 2-224 所示。

5．在工具箱中单击【橡皮擦】工具图标，将盆景周边的灰线擦除。单击【魔棒】工具，在盆景图片的白色区域单击，选中后进行删除，如图 2-225 所示。

6．进入盆景图层，执行【选择】→【全部】命令，再执行【编辑】→【拷贝】命令。然后回到"餐厅"画布上，执行【编辑】→【粘贴】命令，在图层面板中将新复制的盆景图层放在盆景图层的下面，制作盆景投影，效果如图 2-226 所示。

7．执行【编辑】→【自由变换】命令，将盆景进行旋转，同时调整盆景的大小和位置，最终如图 2-227 所示。

图 2-224　调整盆景大小和位置

图 2-225　调整盆景细节

图 2-226　制作盆景投影

图 2-227　旋转盆景并调整其大小和位置

8．在工具箱中选择【橡皮擦】工具图标，然后在橡皮擦的控制面板中选择【大小】为 100 的画笔，如图 2-228 所示，同时将【不透明度】设置为 50。

9．将调整好的橡皮擦工具移动到盆景的投影上，然后逐步进行擦除，注意不要追求快速，擦的时候注意虚实的感觉，效果如图 2-229 所示。

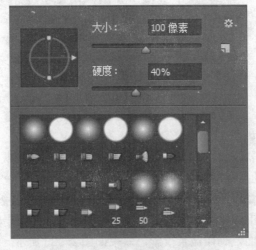
图 2-228　设置橡皮擦工具

图 2-229　盆景效果

10．打开另外一张盆景的图片，单击【魔棒】工具图标，在盆景图片的白色区域内单击，并执行【选择】→【反向】命令，再执行【编辑】→【拷贝】命令。然后回到"餐厅"画布上，执行【编辑】→【粘贴】命令，效果如图 2-230 所示。

11．选择放大镜工具，将视图放大。执行【编辑】→【自由变换】命令，然后逐步调整盆景的大小和位置，效果如图 2-231 所示。

图 2-230　置入盆景

图 2-231　调整盆景的大小和移动位置

12．打开一张瓶花的图片，单击【魔棒】工具，在瓶花图片的白色区域内单击，并执行【选择】→【反向】命令，再执行【编辑】→【拷贝】命令。然后回到"餐厅"画布上，执行【编辑】→【粘贴】命令，效果如图 2-232 所示。

13．选择【放大镜】工具，将视图放大，执行【编辑】→【自由变换】命令，然后逐步调整瓶花的大小和位置。在工具箱中选择【橡皮擦】工具图标，然后在橡皮擦的控制面板中进行新的设置，选择【大小】27 的画笔，同时将【不透明度】设置为 100。将调整好的橡皮擦工具移动到瓶花上，然后将遮住沙发背和柱子的部分擦掉，最终效果如图 2-233 所示。

图 2-232　置入瓶花

图 2-233　瓶花效果

14. 打开另外一张漂亮的瓶花图片，单击【魔棒】工具图标，在瓶花图片的白色区域内单击，并执行【选择】→【反向】命令，再执行【编辑】→【拷贝】命令。然后重新回到"餐厅"画布上，执行【编辑】→【粘贴】命令，效果如图 2-234 所示。

15. 同上个瓶花的调整，选择【放大镜】工具图标，将视图放大，执行【编辑】→【自由变换】，然后逐步调整瓶花的大小和位置。在工具箱中选择【橡皮擦】工具图标，然后在橡皮擦的控制面板中进行新的设置，选择【大小】为 36 的画笔，同时将【不透明度】设置为 70。将调整好的橡皮擦工具移动到瓶花上，擦掉瓶花周围的边线和多余的部分，效果如图 2-235 所示。

图 2-234　置入新的瓶花层

图 2-235　新瓶花效果

16. 打开一张小孩的图片，单击【魔棒】工具图标，在小孩图片的白色区域内单击，并执行【选择】→【反向】命令，再执行【编辑】→【拷贝】命令。然后重新回到"餐厅"画布上，执行【编辑】→【粘贴】命令，效果如图 2-236 所示。

17. 选择放大镜工具，将视图放大，执行【编辑】→【自由变换】命令，然后根据周围的环境调整小孩的比例大小，结果如图 2-237 所示。

18. 打开一张艺术品的图片，单击【魔棒】工具图标，在艺术品图片的白色区域内单击，并执行【选择】→【反向】命令，再执行【编辑】→【拷贝】命令。然后重新回到"餐厅"画布上，执行【编辑】→【粘贴】命令，效果如图 2-238 所示。

19. 执行【编辑】→【自由变换】命令，调整艺术品的大小，最后将其调整到如图 2-239 所示的位置。

图 2-236　置入小孩图层

图 2-237　调整小孩的大小

图 2-238　置入艺术品图层

图 2-239　调整艺术品的位置和大小

　　20．重复上述操作，将另外一个陶瓷艺术品置入图层，并调整其位置和大小，效果如图 2-240 所示。

　　21．从光盘中打开一张绿色植物的图片，执行【编辑】→【拷贝】命令。然后重新回到"餐厅"画布上，执行【编辑】→【粘贴】命令，将其粘贴到如图 2-241 所示的位置。

图 2-240　置入新陶瓷艺术品

图 2-241　置入绿色植物层

　　22．执行【图像】→【调整】→【色相/饱和度】命令，然后在命令面板中进行如图 2-242 所示的设置。

　　23．单击【确定】按钮，完成色相的调整。执行锐化及亮度对比度的操作，最终完成餐厅的图像合成，结果如图 2-1 所示。

图 2-242　设置绿色植物参数

24. 执行【文件】→【保存】命令，将文件保存为"餐厅.psd"，本例制作完毕。

2.5　案例欣赏

图 2-243　案例欣赏 1

图 2-244　案例欣赏 2

图 2-245　案例欣赏 3

图 2-246 案例欣赏 4

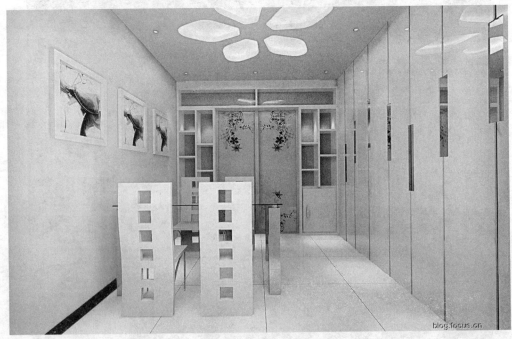

图 2-247 案例欣赏 5

图 2-248　案例欣赏 6

图 2-249　案例欣赏 7

图 2-250　案例欣赏 8

图 2-251　案例欣赏 9

图 2-252　案例欣赏 10

第 3 章　办公中心效果图制作

练习目标

◆ 建模：进一步掌握各种复制和 Boolean（布尔运算）的使用方法。
◆ 材质：学习使用系统自带色彩。
◆ 灯光：学习使用泛光灯、聚光灯及创建室外灯光。
◆ 合成：学习并灵活应用背景处理模型。
◆ 【图层】：用于多张图片的合成和叠加，以利于对单张图片做进一步的修改和调整。
◆ 【Eraser Tool】（橡皮擦工具）：用于制作边缘模糊的效果，比滤镜中的模糊功能更自由灵活。
◆ 【Free Transfrom】（自由变换）：命令用于缩放和旋转图像。使用时执行【Edit→Free Transfrom】（编辑→自由变换）命令，同时按住 Shift 键实现等比例缩放。

现场操作

　　本章以办公中心为题材，最终效果如图 3-1 所示。它体现的是夕阳下的办公中心，金黄色的阳光照在高耸的建筑物上，使办公中心呈现出金碧辉煌的感觉，同时与蓝色的水面和天空形成强烈的对比，充满视觉冲击力。本章同样要从建模开始，逐步完成办公中心模型和灯光效果的制作。具体的步骤将在现场操作中进行详细的讲解。

图3-1　效果图

3.1 创建办公中心模型

3.1.1 创建办公中心主体

1. 双击快捷方式, 打开 3DS Max 2016, 执行【Create→Standard Primitives→Cylinder】
(创建→标准基本体→圆柱体) 命令, 在如图 3-2 所示的前视图中的位置创建一个圆柱体。

2. 在右侧圆柱体的【Parameters】(参数) 面板中, 设置基本参数【Radius】半径
为 2250.0mm、【Height】(高度) 为 45800.0mm、【Height Segs】(高度分段) 为 5、【Cap
Segments】(端面分段) 为 1, 【Sides】(边数) 为 18, 如图 3-3 所示。

3. 执行【Modifiers→Mesh Editing→ Edit Mesh】(修改器→网格编辑→编辑网格)
命令, 然后单击【Edit Mesh】(编辑网格) 前面的加号 (+) 或者在【Selection】(选
择) 面板中单击顶点的图标, 如图 3-4 所示。

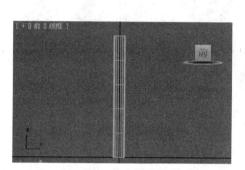

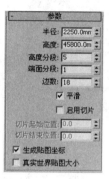

图3-2 创建圆柱体　　　　　图3-3 参数设置　　　图3-4 添加编辑网格修改器

4. 在工具栏中选择【移动】工具, 在前视图中分别对圆柱体顶端的节点进行调整,
使之呈现 45° 的角度, 效果如图 3-5 所示。

5. 在点的编辑层级中继续使用【移动】工具, 在左视图中再对顶端的节点进行调整,
效果如图 3-6 所示。

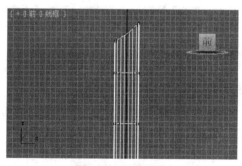

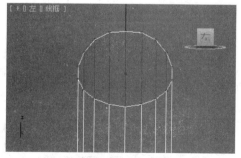

图3-5 调整节点　　　　　　　　图3-6 左视图调整

6. 首先选择调整好的圆柱体, 在工具栏中选择【移动】工具, 然后在按住 Shift 键
的同时拖动物体, 在出现的【Clone Options】(克隆选项) 面板中进行设置, 设置【Object】
(对象) 为【Copy】(复制), 以利于后面对新复制的圆柱体进行调整, 如图 3-7 所示。
而选择【Instance】(实例) 则会使复制的物体与原物体相关联, 不利于做新的调整。

图3-7　设置【克隆选项】面板

7．单击【OK】（确定）按钮完成复制之后，要对新圆柱体的位置进行调整。在工具栏中选择【移动】工具，然后在顶视图中将其向左移动，使两个圆柱体能并在一起，如图3-8所示。经过移动调整之后，两个圆柱体在前视图中的位置如图3-9所示。

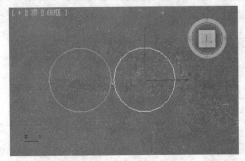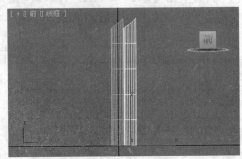

图3-8　顶视图调整　　　　　　　　　　　图3-9　调整节点

8．选择新复制的圆柱体，在【Edit Mesh】（编辑网格）修改器中单击顶点的图标，在工具栏中选择【移动】工具，选择新圆柱体的全部顶点，同时向下移动，使两个圆柱体顶部的倾斜角度相一致，然后选择新圆柱体最下面的一排顶点向上移动，最终使两个圆柱体相吻合，如图3-10所示。

9．经过节点移动调整之后，两个圆柱体在左视图中的位置关系如图3-11所示。，注意新圆柱体中间节点的位置。

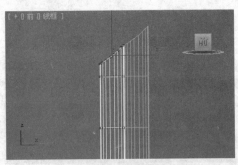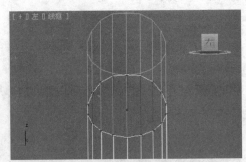

图3-10　移动圆柱体　　　　　　　　　　　图3-11　位置关系

10．将经过充分调整的两个圆柱体全部选择，然后在工具栏中选择镜像工具单击，在出现的【Mirror】（镜像：屏幕　坐标）控制面板中进行设置，设置【Mirror Axis】（镜像轴）为 X，【Clone Selection】（克隆当前选择）为【Copy】（复制），如图3-12所示。最后单击【OK】（确定）按钮，完成镜像复制。

图3-12　镜像复制

11．将经过镜像复制完成的两个圆柱体选中，在工具栏中选择【移动】工具，然后在顶视图中向上移动，使之与原来的圆柱体相互并列，并且保证它们之间是相连的，如图 3-13 所示。

12．回到【Front】（前）视图中，对新复制的圆柱体与原来的圆柱体的位置进行进一步的调整，结果如图 3-14 所示。

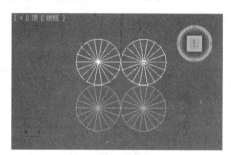

图3-13　调整位置

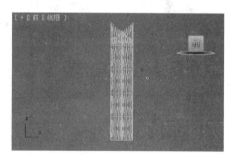

图3-14　调整细节

3.1.2　创建办公中心尖顶

1．执行【Create→Shapes→Line】（创建→图形→线）命令，然后在顶视图中按照如图 3-15 所示创建一条封闭的曲线，使其边缘沿着四个圆柱体的内侧。

2．在右侧的【Selection】（选择）控制面板中选择点的图标并单击，图标被单击后呈现黄色，如图 3-16 所示。

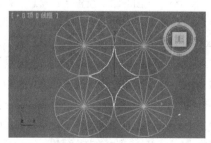

图3-15　创建封闭曲线

图3-16　选择点的图标

3．在工具栏中选择【移动】工具，然后在顶视图中将光标移动到点的上面，单击鼠标右键，在菜单中选择【Smooth】（平滑）并单击，如图 3-17 所示。

4．经过【Smooth】（平滑）处理后，封闭的曲线变得圆滑，在工具栏中选择【移动】工具，调整节点的位置，使之更好地与 4 个圆柱体的内边线相适合，结果如图 3-18 所示。

图3-17 【选择平滑】

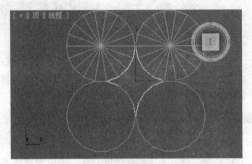

图3-18 调整节点位置

5．选择刚调整过的封闭曲线，同时进入【Line】（线）的修改面板，单击【Line】（线）前面的加号（+），打开【Line】（线）的子菜单，从中选择【Spline】（样条线）单击，此时的【Spline】（样条线）选项也呈现为黄色，如图 3-19 所示。

6．当【Spline】（样条线）选项处于选择状态下时，右侧控制面板中的【Outline】（轮廓）选项也处于激活状态。单击【Outline】（轮廓）按钮，同时设置【Outline】（轮廓）为 88，如图 3-20 所示。此时原来的曲线将变成双线框，为之后的扩展做好准备。

图3-19 选择样条线图标

图3-20 设置【轮廓】参数

7．执行【Modifiers→Mesh Editing→ Ext ude】（修改器→网格编辑→挤出）命令，或者在右侧修改面板的下拉菜单中选择【Ext ude】（挤出），如图 3-21 所示。

8．添加【Ext ude】（挤出）修改器之后，在右侧【Parameters】（参数）控制面板中进行数值设置，设置【Amount】（数量）为 5500.0mm，同时选择控制面板下面的【Smooth】（平滑）选项，如图 3-22 所示。这样原来的双线框就变成了有一定高度的实体。

9．执行【Modifiers→Mesh Editing→ Edit Mesh】（修改器→网格编辑→编辑网格）命令，或者在右侧修改面板的下拉菜单中选择【Edit Mesh】（编辑网格），然后单击【Edit Mesh】（编辑网格）前面的加号（+），在子菜单中选择【Polygon】（多边形），被选中的多边形呈现黄色，如图 3-23 所示。

10. 在工具栏中选择【移动】工具，进入顶视图，将光标移动到经过【Ext ude】（挤出）拉伸的尖顶上，单击最上面的多边形将其选中，被选中后呈现红色，如图 3-24 所示。

图3-21　添加挤出修改器　　　　　图3-22　参数设置　　　　　图3-23　增加编辑网格修改器

11. 选择了多边形之后，进入右侧【Edit Geometry】（编辑几何体）控制面板，选择【Ext ude】（挤出）按钮并单击，同时设置【Ext ude】（挤出）数值为 500，如图 3-25 所示。

12. 原来的多边形尖顶经过【Ext ude】（挤出）的拉伸处理，效果如图 3-26 所示。单击【Edit Mesh】（编辑网格）前面的加号（+），在子菜单中选择【Vertex】（顶点），为点的调整做准备。

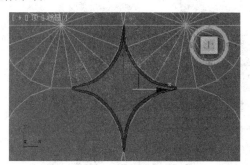

图3-24　选择多边形　　　　　　图3-25　拉伸多边形

13. 在上一步骤中已经进入点的编辑层级，在工具栏中选择【移动】工具，然后选中最上面一层的节点，将其向上移动，位置如图 3-27 所示。

115

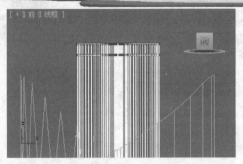
图3-26 拉伸处理效果

图3-27 调整最上面一层的节点

14．在工具栏中选择缩放工具，然后选择物体最顶端的点，进行缩放调整，将其调整到如图3-28所示的位置。

15．进入顶视图，选择刚刚经过移动和缩放调整的尖顶，同时在工具栏中选择【移动】工具，按住 Shift 键，对尖顶进行拖动。在出现的对话框中选择【Copy】（复制）模式，单击【OK】（确定）按钮完成复制操作。

16．在工具栏中选择【移动】工具，将新复制的尖顶移动到如图3-29所示的位置。

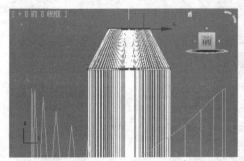
图3-28 缩放顶点

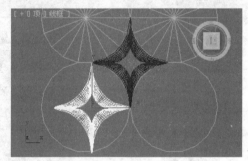
图3-29 复制并移动尖顶

17．进入左视图中，在工具栏中选择【移动】工具，然后对新复制尖顶的侧面位置进行调整，将其调整到如图3-30所示的位置。

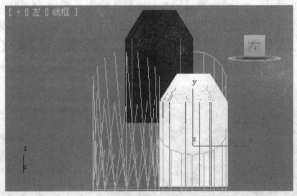
图3-30 尖顶位置调整

18．回到顶视图中，选择新复制的尖顶，在工具栏中选择【移动】工具，按住 Shift 键，对尖顶进行拖动，在出现的对话框中选择【Instance】（实例）模式，单击【OK】（确定）按钮完成复制操作，同时利用【移动】工具，对新复制的这个尖顶在顶视图中的位置进行调整，结果如图 3-31 所示。

19. 在工具栏中选择【移动】工具，然后在前视图中对新物体的位置进行具体调整，如图 3-32 所示。

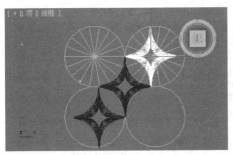 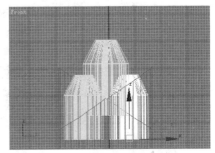

图3-31　复制另一个尖顶　　　　　　　图3-32　调整新物体位置

20. 执行【Create→Shapes→Line】（创建→图形→线）命令，然后在顶视图中按照如图 3-33 所示的位置创建一条封闭的曲线，使其边缘与尖顶顶部边缘的内侧曲线相吻合。曲线创建的时候可以随意一点，不用追求与尖顶顶部边缘的内侧曲线完全一致，因为在后面还要对曲线进行具体的调整和平滑处理。

21. 在右侧的【Selection】（选择）控制面板中选择点的图标并单击，图标被单击后呈现黄色。在工具栏中选择【移动】工具，然后在顶视图中将光标移动到点的上面，单击鼠标右键，在菜单中选择【Smooth】（平滑）并单击，进行点的平滑处理。

22. 经过平滑处理后，封闭的曲线变得圆滑，在工具栏中选择【移动】工具，调整节点的位置，使之更好地与尖顶顶部边缘的内侧曲线相适合，结果如图 3-34 所示。

23. 首先保证刚创建的封闭曲线处于选择状态，然后执行【Modifiers→Mesh Editing → Ext ude】（修改器→网格编辑→挤出）命令，或者在右侧修改面板的下拉菜单中选择【Ext ude】（挤出）并单击。

24. 添加【Ext ude】（挤出）修改器之后，在右侧【Parameters】（参数）控制面板中设置【Amount】（数量）为 80.0mm，同时选择下面的【Smooth】（平滑）选项，如图 3-35 所示，此时原来的封闭曲线经过【Ext ude】（挤出）拉伸成为立体的图形。

25. 在工具栏中选择【移动】工具，进入前视图，将经过封闭曲线拉伸而成的平面移动到尖顶的顶部，调整位置如图 3-36 所示。

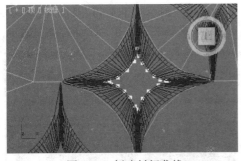 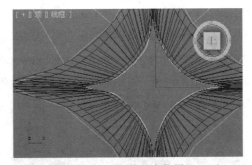

图3-33　创建封闭曲线　　　　　　　图3-34　调整节点位置

26. 进入顶视图中，选择经过移动调整的平面，在工具栏中选择【移动】工具，按住 Shift 键拖动尖顶平面，在出现的对话框中选择复制模式，以利于以后的调整，最后完成复制操作。

27．在工具栏中选择【移动】工具，在顶视图中对新复制的尖顶平面位置进行调整，使之与下面的尖顶相适合，结果如图 3-37 所示。

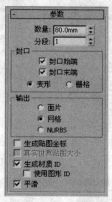

图3-35　参数设置

图3-36　调整平面位置

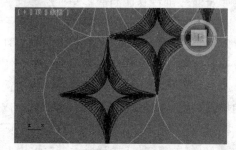

图3-37　调整新复制的尖顶平面位置

28．回到顶视图中，选择新复制的尖顶平面，在工具栏中选择【移动】工具，按住 Shift 键，然后对尖顶平面进行拖动。在出现的对话框中选择【Instance】（实例）模式，使之与前面的尖顶平面相一致，以利于同步调整，单击【OK】（确定）按钮完成复制操作。利用【移动】工具，对新复制的这个尖顶平面在顶视图中的位置进行调整，结果如图 3-38 所示。

29．在工具栏中选择【移动】工具，进入前视图中，将新复制的两个尖顶平面移动到其余两个尖顶的顶部，结果如图 3-39 所示。

30．经过上述操作，尖顶的模型创建已经基本完成，剩余的细节将在以后的学习中再具体讲解。

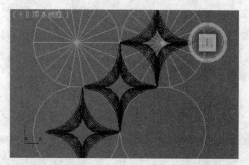

图3-38　调整再复制的尖顶平面的位置

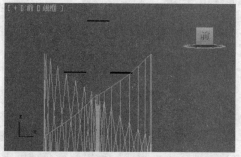

图3-39　调整新复制的两个尖顶平面位置

3.1.3 创建环状体

1. 执行【Create→Standard Primitives→Tube】（创建→标准基本体→管状体）命令，在顶视图中创建一个环状体，同时在工具栏中选择【移动】工具，在顶视图中对【Tube】（管状体）的位置做进一步调整，结果如图 3-40 所示。

2. 选择新创建的环状体，在右侧环状体的【Parameters】（参数）面板中，设置【Radius 1】（半径 1）为 2325.12mm、【Radius 2】（半径 2）为 2268.46mm、【Height】（高度）为 150.0mm，【Height Segs】（高度分段）为 5、【Cap Segs】（端面分段）为 1、【Sides】（边数）为 18，同时选中【Smooth】（平滑）选项，如图 3-41 所示。

3. 选择已调整好的环状体，在工具栏中选择【移动】工具，在按住 Shift 键的同时拖动环状体进行复制。在出现的【Clone Options】（克隆选项）面板中进行设置，选择【Object】（对象）模式为【Copy】（复制），设置【Number of Copies】（副本数）为 46，单击【OK】（确定）按钮完成操作，如图 3-42 所示。

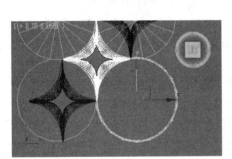  

图3-40　创建环状体　　　图3-41　环状体的参数设置　图3-42　设置【克隆选项】面板

经过复制调整，46 个环状体按照原来拖动时呈现的距离进行排列组合，如图 3-43 所示。

4. 进入前视图，在工具栏中单击选择工具，选择最顶端的一个环状体，如图 3-44 所示。

5. 执行【Modifiers→Mesh Editing→Edit Mesh】（修改器→网格编辑→编辑网格）命令，或者从右侧修改命令面板的下拉菜单中选择【Edit Mesh】（编辑网格）并单击。

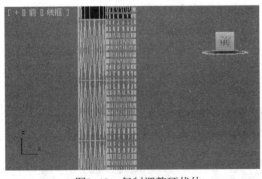 

图3-43　复制调整环状体　　　　　　　图3-44　环状体的选择

6. 单击【Edit Mesh】（编辑网格）修改器前面的加号（+），从其子菜单中选择【Polygon】（多边形）并单击，或者在【Selection】（选择）面板中单击【Polygon】（多边形）图标，然后在工具栏中单击选择工具，在前视图中进行框选，被选择的区域呈现红色，如图 3-45 所示。

7. 在上一步骤中已经选择了多余的一部分多边形，单击删除键，此时环状体多余的部分被删除。

8.单击【Edit Mesh】（编辑网格）修改器前面的加号（+），从其子菜单中选择【Vertex】（顶点）单击，或者在【Selection】（选择）面板中单击【Vertex】（顶点）图标，在工具栏中选择【移动】工具，在前视图中对节点的位置进行更精确的地调整，使之与圆柱体顶面的倾斜度相吻合，结果如图 3-46 所示。

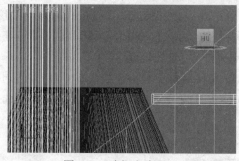
图3-45　选择多边形

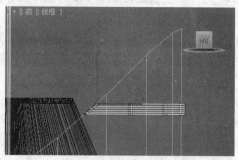
图3-46　调整节点位置

9.重复上述操作，首先执行【Modifiers→Mesh Editing→ Edit Mesh】（修改器→网格编辑→编辑网格）命令，为环状体增加【Edit Mesh】（编辑网格）修改器，然后单击【Edit Mesh】（编辑网格）修改器前面的加号（+），从其子菜单中选择【Polygon】（多边形）并单击，选择多余的多边形，单击删除键，出现【Delete Face】（删除面）面板，选择"是"单击，删除环状体多余的部分。

10. 从【Edit Mesh】（编辑网格）子菜单中选择【Vertex】（顶点）并单击，或者在【Selection】（选择）面板中单击【Vertex】（顶点）图标，在工具栏中选择【移动】工具，在前视图中对节点的位置进行调整，使之与它所处位置圆柱体顶面的倾斜度相适合，结果如图 3-47 所示。

11.在工具栏中单击选择工具，在视图中将所有的环状体选中。执行【Tools→Mirror】（工具→镜像）命令，或者直接在工具栏中选择【Mirror】（镜像）工具图标，出现【Mirror】（镜像：屏幕 坐标）面板，对其进行设置，将【Mirror Axis】（镜像轴）设置为 X 轴，设置【Clone Selection】（克隆当前选择）模式为【Copy】（复制），如图 3-48 所示，单击【OK】（确定）按钮，完成镜像复制的操作。

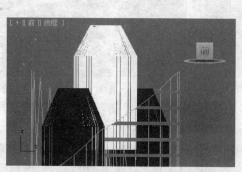
图3-47　调整节点位置

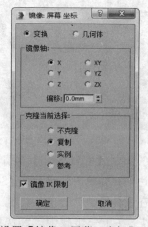
图3-48　设置【镜像：屏幕　坐标】面板

12. 完成镜像复制操作之后，要对新复制的环状体位置进行调整，在工具栏中单击选择工具，将新复制的环状体全部选中，然后在工具栏中选择【移动】工具，使环状体的位置与圆柱体相适应，结果如图 3-49 所示。

13. 将视图转为顶视图，在工具栏中选择【移动】工具，将新复制环状体在顶视图中的位置进行调整，结果如图 3-50 所示。

 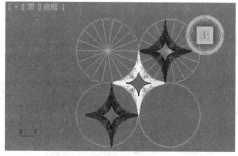

图3-49　在前视图中调整环状体位置　　　　图3-50　在顶视图中调整环状体位置

14. 在工具栏中单击选择工具，将上一步骤中调整好的环状体全部选中，然后在工具栏中选择【移动】工具，在按住 Shift 键的同时拖动被选择的环状体，进行复制。

15. 在出现的【Clone Options】（克隆选项）面板中进行设置，选择【Object】（对象）模式为【Copy】（复制），此时不能用【Instance】（实例）模式，否则后面将不能做细部的具体调整。设置【Number of Copies】（副本数）为 1，单击【OK】（确定）按钮完成操作。

16. 进入顶视图，在工具栏中选择【移动】工具，对刚复制完成的环状体位置进行调整，结果如图 3-51 所示。

17. 将视图转为前视图，在工具栏中选择【移动】工具，然后将所有新复制的环状体沿 Y 轴向下移动，使最顶端的两个环状体与内部的圆柱体顶面的倾斜度相一致，最终在前视图中的位置如图 3-52 所示。

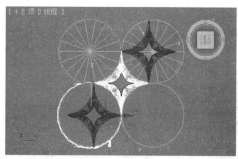 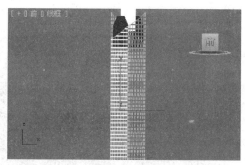

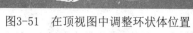

图3-51　在顶视图中调整环状体位置　　　　图3-52　调整前视图中环状体的位置

18. 上一步骤中将新复制的所有环状体向下移动，因此下面会有三个多余的环状体，在工具栏中用选择工具，在前视图中进行框选，如图 3-53 所示。

19. 单击删除键，将多余的三个环状体删除。

20. 在工具栏中单击选择工具，在视图中选择上一步骤中调整过的环状体，执行【Tools→Mirror】（工具→镜像）命令，或者直接在工具栏中选择【Mirror】（镜像）工具图标，在出现的【Mirror】（镜像）面板中将【Mirror Axis】（镜像轴）设置为 X 轴，【Clone

Selection】（克隆当前选择）模式设置为【Copy】（复制），单击【OK】（确定）按钮，完成镜像复制的操作。

21．完成镜像复制操作之后，同样也要对新复制的环状体位置进行一些调整。进入顶视图中，在工具栏中单击选择工具，将新复制的环状体全部选中，然后在工具栏中选择【移动】工具，使环状体的位置与最后一个圆柱体相吻合，结果如图 3-54 所示。

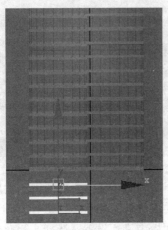

图3-53　框选多余的环状体

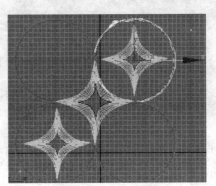

图3-54　调整环状体位置

3.1.4　创建搁层装饰

1．执行【Create→Standard Primitives→Box】（创建→标准基本体→长方体）命令，在顶视图中创建一个长方体，同时在工具栏中选择【移动】工具，对新创建的长方体位置进行调整，结果如图 3-55 所示。

2．在右侧长方体的【Parameters】（参数）面板中，设置基本参数【Length】（长度）为 4771.41mm，【Width】（宽度）为 4809.27mm，【Height】（高度）为 120.342mm，【Length Segs】（长度分段）、【Width Segs】（宽度分段）和【Height Segs】（高度分段）均设置为 1，如图 3-56 所示。

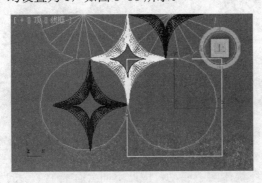

图 3-55　创建长方体

图 3-56　设置长方体参数

3．首先用工具栏中的选择工具，选择创建的方体，然后在工具栏中选择【移动】工具，在按住 Shift 键的同时拖动长方体，完成复制操作。重新在工具栏中选择【移动】工具，然后对新复制的长方体进行位置调整，结果如图 3-57 所示。

4．在工具栏中选择【移动】工具，将制作好的两个长方体选中，然后按住 Shift 键进行拖动，在出现的【Clone Option】（克隆选项）中设置【Object】（对象）模式为【Instance】（实例），使长方体相互关联。完成复制之后，在顶视图中对其位置进行调整，结果如图 3-58 所示。

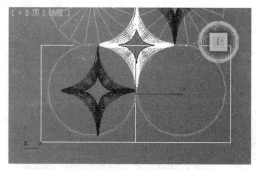

图3-57 复制长方体　　　　　　　　图3-58 复制另一边的长方体

5．进入前视图，在工具栏中选择【移动】工具，将 4 个长方体同时选择，然后将其移动到如图 3-59 所示的位置。

6．选择位置调整好的四个长方体，同时在工具栏中选择【移动】工具，按住 Shift 键拖动 4 个长方体，在出现的【Clone Options】（克隆选项）面板中设置【Object】（对象）模式为【Copy】（复制），以利于后面对长方体进行调整；设置【Number of Copies】（副本数）为 11，如图 3-60 所示。单击【OK】（确定）按钮，完成复制。

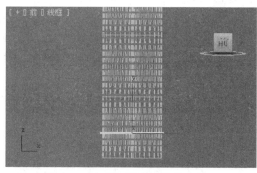

图3-59 在前视图中调整长方体　　　　　图3-60 设置【克隆选项】面板

7．复制操作完成后会发现长方体与短的圆柱体正好适合，但是对于长一点的圆柱体来说则缺少一个长方体，因此需再选择一个长方体。重复上述复制操作，再复制一个新的长方体。在工具栏中选择【移动】工具，将新复制长方体调整到如图 3-61 所示的位置。

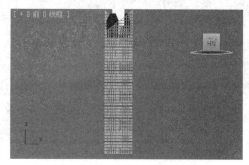
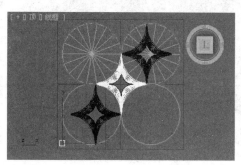

图3-61 调整新复制长方体的位置　　　　图3-62 创建新长方体

8．执行【Create→Standard Primitives→Box】（创建→标准基本体→长方体）命令，在顶视图中创建一个长方体。在工具栏中选择【移动】工具，对新创建的长方体位置进行调整，结果如图 3-62 所示。

9．在右侧长方体的【Parameters】（参数）面板中，设置基本参数【Length】（长度）为 400.0mm，【Width】（宽度）为 400.0mm，【Height】（高度）为 39968.0mm，【Length Segs】（长度分段）、【Width Segs】（宽度分段）和【Height Segs】（高度分段）均设置为 1，如图 3-63 所示。

10．进入前视图中，在工具栏中选择【移动】工具，调整长方体的位置如图 3-64 所示。

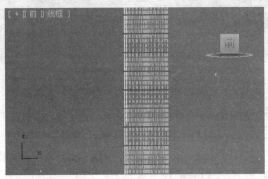

图3-63　设置长方体参数　　　　　　　　图3-64　在前视图中调整长方体

11．选择刚创建并调整好位置的长方体，同时在工具栏中选择【移动】工具，按住 Shift 键拖动长方体，在出现的【Clone Options】（克隆选项）面板中设置【Object】（对象）模式为【Copy】（复制），以利于后面对长方体进行拉长。设置【Number of Copies】（副本数）为 1，单击【OK】（确定）按钮，完成复制。利用【移动】工具对新复制长方体的位置进行一下调整，调整到原方体的对角线位置，结果如图 3-65 所示。

12．重复上述操作再复制一个新的长方体。在工具栏中选择【移动】工具，对长方体的位置进行调整，在前视图中的位置如图 3-66 所示。

13．为了使新复制的长方体与长一点的圆柱体相吻合，在右侧长方体的【Parameters】（参数）面板中，设置基本参数【Length】（长度）为 400.0mm，【Width】（宽度）为 400.0mm，【Height】（高度）为与搁架水平，【Length Segs】（长度分段）、【Width Segs】（宽度分段）和【Height Segs】（高度分段）均设置为 1，如图 3-67 所示。

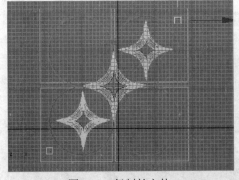

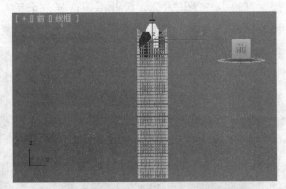

图3-65　复制长方体　　　　　　　　　图3-66　重复复制长方体

14．对整栋楼的大形进行快速渲染，观察大体效果。在工具栏中选择快速渲染工具或者使用快速渲染的快捷键 F9，渲染效果如图 3-68 所示。

15．执行【保存】命令进行保存，搁层制作完成。

图3-67　设置长方体参数

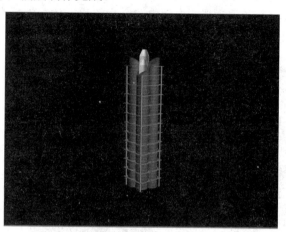

图3-68　快速渲染效果

3.1.5　复制办公中心主体

1．执行【Create→Standard Primitives→Box】（创建→标准基本体→长方体）命令，在顶视图中创建一个长方体，同时在工具栏中选择【移动】工具，对新创建的长方体位置进行调整，使之正好处于两个圆柱体的中间，结果如图 3-69 所示。

2．在右侧长方体的【Parameters】（参数）面板中，设置基本参数【Length】（长度）为 400.0mm，【Width】（宽度）为 400.0mm，【Height】（高度）为 42842.6mm，【Length Segs】（长度分段）、【Width Segs】（宽度分段）和 【HeightSegs】（高度分段）均设置为1。

3．选择刚创建并调整好位置的长方体，同时在工具栏中选择【移动】工具，按住 Shift 键拖动长方体，在出现的【Clone Options】（克隆选项）板中设置【Object】（对象）模式为【Instance】（关联），使之相互关联；设置【Number of Copies】（副本数）3，单击【OK】（确定）按钮，完成复制。

4．进入左视图中，在工具栏中选择【移动】工具，将新复制的长方体选中，在左视图中将其调整到如图 3-70 所示的位置。

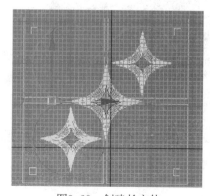

图3-69　创建长方体

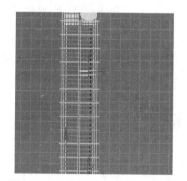

图3-70　调整新复制长方体的位置

5．在工具栏中选择快速渲染工具或者使用快速渲染的快捷键 F9，渲染效果如图 3-71

所示。在渲染图中要可以清楚地看到模型，以便于后面的修改和进一步调整。

6. 执行【Create→Standard Primitives→Box】（创建→标准基本体→长方体）命令，在【Top】（顶）视图中创建一个小的长方体，然后在工具栏中选择【移动】工具，对新创建的长方体的位置进行调整，结果如图 3-72 所示。

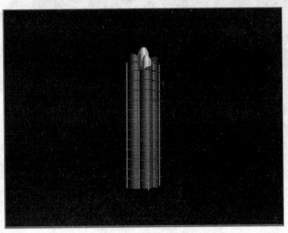

图3-71 快速渲染效果

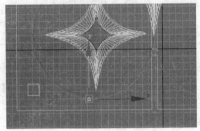

图3-72 创建新长方体

7. 在右侧长方体的【Parameters】（参数）面板中，设置基本参数【Length】（长度）为 100.0mm，【Width】（宽度）为 100.0mm，【Height】（高度）为 42851.5mm，【Length Segs】（长度分段）、【Width Segs】（宽度分段）和 【Height Segs】（高度分段）均设置为 1，如图 3-73 所示。

8. 选择刚创建的长方体，在工具栏中选择【移动】工具，按住 Shift 键拖动方体，在出现的【Clone Options】（克隆选项）面板中设置【Object】（对象）模式为【Copy】（复制），设置【Number of Copies】（副本数）为 7，单击【OK】（确定）按钮，完成复制，利用【移动】工具对新复制长方体的位置进行调整，结果如图 3-74 所示。

9. 选择处于短圆柱体上的方体，在右侧控制面板中将其高度数值降低，使之与圆柱体相适应。

图3-73 设置长方体参数

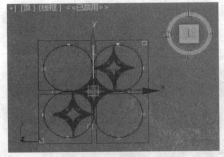

图3-74 复制长方体

10. 在工具栏中选择快速渲染工具或者使用快速渲染的快捷键 F9，渲染效果如图 3-75 所示。

11. 在工具栏中选择【移动】工具，在顶视图中进行框选，或者用快捷键 Ctrl+A，或执行 Select All 命令，将所有的物体全部选中。

12. 确保所有的物体处在被选择的状态，在工具栏中选择【移动】工具，在按住 Shift

键的同时拖动物体，然后在出现的【Clone Options】（克隆选项）面板中设置【Object】（对象）模式为【Instance】（实例），将【Number of Copies】（副本数）设置为 1，如图 3-76 所示，最后单击【OK】（确定）ann，完成整体的复制操作。

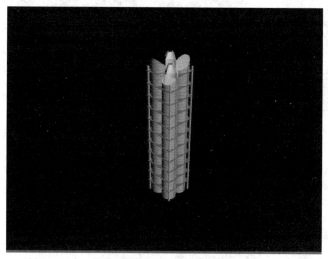

图3-75　快速渲染效果

图3-76　设置（克隆选项）面板

3.1.6 创建办公中心底部

1. 执行【Create→Standard Primitives→Box】（创建→标准基本体→长方体）命令，在顶视图中创建一个大的长方体，然后在工具栏中选择【移动】工具，对新创建的长方体的位置进行调整，结果如图 3-77 所示。

2. 在右侧长方体的【Parameters】（参数）面板中，设置基本参数【Length】（长度）为 17614.69mm，【Width】（宽度）为 39201.39mm，【Height】（高度）为-6562.3mm，将【Length Segs】（长度分段）、【Width Segs】（宽度分段）和【Height Segs】（高度分段）均设置为 1，如图 3-78 所示。

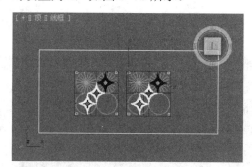

图3-77　创建长方体

图3-78　设置长方体参数

3. 进入前视图中，在工具栏中选择【移动】工具，调整新创建长方体在前视图中的位置，结果如图 3-79 所示。

4. 再次进入左视图中，在工具栏中选择【移动】工具，调整新创建长方体在前视图中的位置，结果如图 3-80 所示。

5. 首先执行【Modifiers→Mesh Editing→ Edit Mesh】（修改器→网格编辑→编辑网格）命令，或者从右侧修改面板的下拉菜单中直接选择【Edit Mesh】（编辑网格）并单击，为长方体增加【Edit Mesh】（编辑网格）修改器。

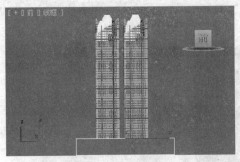
图3-79 调整长方体位置

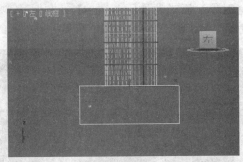
图3-80 调整新创建长方体在前视图中的位置

6. 单击【Edit Mesh】（编辑网格）修改器前面的加号（+），从其子菜单中选择【Vertex】（顶点）并单击，在工具栏中选择【移动】工具，然后在顶视图中将后面的两个节点选中，同时进行位置调整，结果如图 3-81 所示。

7. 经过节点的调整，长方体在左视图中的位置如图 3-82 所示。

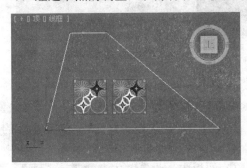
图3-81 调整节点

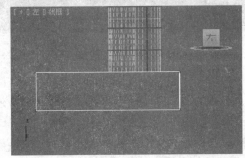
图3-82 长方体在左视图中的位置

8. 选择经过调整的长方体，选择工具栏中的缩放工具，同时按住 Shift 键拖动并进行缩放复制。完成复制之后，重新在工具栏中选择【移动】工具，将新复制的物体向上移动，移动到如图 3-83 所示的位置。

9. 在工具栏中选择【移动】工具，进入顶视图对长方体进行细节调整，结果如图 3-84 所示。

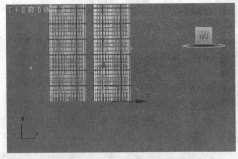
图3-83 复制调整新长方体

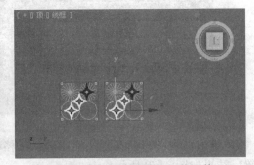
图3-84 对长方体进行细节调整

10. 首先选择调整好的长方体，执行【Create→Compound→Boolean】（创建→复合对象→布尔）命令，或者从右侧命令面板的【Object Type】（对象类型）中选择【Boolean】（布尔）命令并单击，点中该按钮后呈现黄色，如图 3-85 所示。然后在【Pick Boolean】（拾取布尔）面板中单击【Pick Operand】（拾取操作对象B）。最后移动光标到刚复制的长方体上单击，完成操作。

11．经过布尔运算，最终效果如图 3-86 所示。

图3-85　选择【布尔】运算

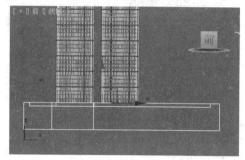

图3-86　布尔运算的最终效果

3.1.7　创建底部装饰带

1．执行【Create→Shapes→Line】（创建→图形→线）命令，然后在左视图中创建一条封闭的曲线。进入点的编辑层级，回到左视图中，在节点上单击鼠标右键，从快捷菜单中选择【Smooth】（平滑）并单击，经过平滑处理的封闭曲线变得更加圆滑。在工具栏中选择【移动】工具，最后将节点调整到如图 3-87 所示的位置。

2．退回到【Line】（直线）的编辑层级，执行【Modifiers→Mesh Editing→ Ext ude】（修改器→网格编辑→挤出）命令，或者在右侧修改面板的下拉菜单中选择【Ext ude】（挤出）命令。

3．添加【Ext ude】（挤出）修改器之后，在右侧【Parameters】（参数）控制面板中进行数值设置，设置【Amount】（数量）为 500.8mm，同时选择控制面板下面的【Smooth】（平滑）选项（如图 3-88 所示），这样原来的双线框就变成了有一定高度的实体。

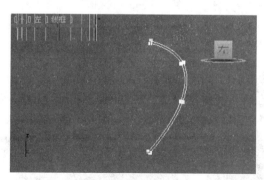

图3-87　创建封闭曲线

图3-88　参数设置

4．通过在封闭曲线上添加【Ext ude】（挤出）修改器，原来的封闭曲线变成了实体。在工具栏中选择【移动】工具，然后进入前视图，将刚刚经过【Ext ude】（挤出）修改器拉伸的实体位置进行调整，结果如图 3-89 所示。

5．选择经过调整的实体，在工具栏中选择【移动】工具，按住 Shift 键进行拖动，拖动时把握好两个实体之间的距离。然后在出现的【Clone Options】（克隆选项）面板

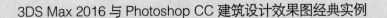

10．在右侧长方体的【Parameters】（参数）面板中设置基本参数为 11．选择经过调整的实体，在工具栏中选择【移动】工具，按住 Shift 键拖动，拖动时把握好长方体与长方体之间的距离，然后在出现的【Clone Options】（克隆选项）面板中设置【Object】（对象）为复制模式、【Number of Copies】（副本数）为 25，如图 3-95 所示。

11．单击【Clone Options】（克隆选项）面板上的【OK】（确定）按钮，完成复制操作。在顶视图中新复制的长方体的位置排列如图 3-96 所示。

图3-95　设置【克隆选项】面板

图3-96　新复制长方体的位置排列

3.1.8 创建底部侧面及顶部装饰

1．进入前视图中，在工具栏中单击选择工具，然后选择门口处多余的实体，单击删除键进行删除，如图 3-97 所示。

2．执行【Create→Standard Primitives→Box】（创建→标准基本体→长方体）命令，在前视图中创建一个长方体。在工具栏中选择【移动】工具，调整长方体到如图 3-98 所示的位置。

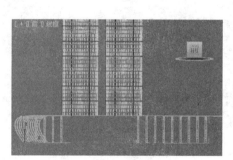
图3-97　删除多余的实体

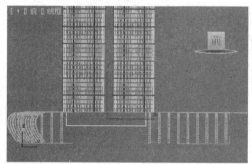
图3-98　创建长方体并调整其位置

3．在右侧长方体的【Parameters】（参数）面板中，设置基本参数【Length】（长度）为 3086.44mm、【Width】（宽度）为 17930.68mm、【Height】（高度）为 120.947mm，如图 3-99 所示。

4．进入左视图中，在工具栏中选择【旋转】工具，然后将新创建的长方体旋转-45°，结果如图 3-100 所示。

5．执行【Modifiers→Mesh Editing→ Edit Mesh】（修改器→网格编辑→编辑网格）命令，或者在右侧修改命令面板的下拉菜单中选择【Edit Mesh】（编辑网格）并单击。

图3-99　设置长方体基本参数

6. 在修改面板中单击【Edit Mesh】（编辑网格）前面的加号（+），在子菜单中选择【Vertex】（顶点），也可以在【Selection】（选择）面板中单击【Vertex】（顶点）的图标进入节点的编辑层级。

7. 用工具栏中的缩放工具，在前视图中选择下面的两排节点，将它们同步缩放，结果如图 3-101 所示。

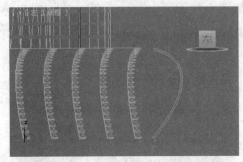

图3-100　旋转长方体

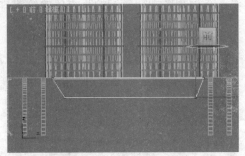

图3-101　调整节点

8. 首先将上一步骤中调整的长方体选中，在工具栏中选择【旋转】工具，在按住 Shift 键的同时进入左视图中进行旋转。在出现的【Clone Options】（克隆选项）面板中，设置【Object】（对象）为【Copy】（复制）模式、【Number of Copies】（副本数）为 1，单击【OK】（确定）按钮完成操作，如图 3-102 所示。

9. 在工具栏中选择【移动】工具，将新复制的长方体向外移动。单击新长方体【Edit Mesh】（编辑网格）修改器前面的加号（+），在子菜单中选择【Vertex】（顶点）并单击，将节点的位置进行调整，结果如图 3-103 所示。

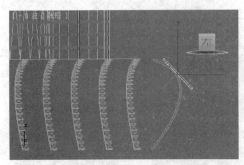

图3-102　旋转复制长方体

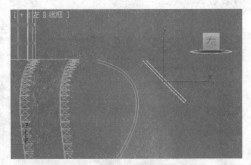

图3-103　调整新长方体位置

10. 执行【Create→Standard Primitives→Cylinder】（创建→标准基本体→圆柱体）命令，在顶视图中创建一个圆柱体。在右侧圆柱体的【Parameters】（参数）面板中，设置基本参数【Radius】半径为 40.0mm、【Height】（高度）为 5846.0mm、【Height Segs】（高度分段）为 5、【Cap Segs】（端面分段）为 1、【Sides】（边数）为 18，如图 3-104 所示。

11. 进入右视图，在工具栏中选择【移动】工具，然后将新创建的圆柱体调整到尖顶的中间位置，如图 3-105 所示。

12. 在前视图中选择调整好位置的圆柱体，然后在工具栏中选择【移动】工具，在按住 Shift 键的同时拖动圆柱体，在出现的【Clone Options】（克隆选项）面板中设置【Object】（对象）为【Copy】（复制）模式、【Number of Copies】（副本数）为 1，单击【OK】（确定）按钮完成操作。最后，通过【移动】工具对新复制圆柱体的位置做进一步调整。

图3-104 设置基本参数

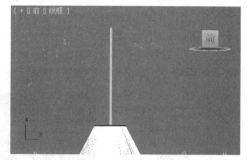

图3-105 调整圆柱体位置

3.1.9 门的创建

1. 执行【Create→Standard Primitives→Box】（创建→标准基本体→长方体）命令，在前视图中创建一个新的长方体，同时在工具栏中选择【移动】工具，将新长方体调整到如图3-106所示的位置。

2. 在右侧长方体的【Parameters】（参数）面板中，设置基本参数【Length】（长度）为293.47mm、【Width】（宽度）为16387.5mm、【Height】（高度）为293.947mm，如图3-107所示。

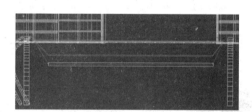

图3-106 创建长方体

图3-107 设置长方体基本参数

3. 执行【Create→Standard Primitives→Box】（创建→标准基本体→长方体）命令，在前视图中创建一个新的长方体，如图3-108所示。

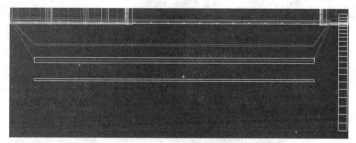

图3-108 创建新长方体

4. 在右侧长方体的【Parameters】（参数）面板中，设置基本参数【Length】（长度）为120.41mm、【Width】（宽度）为16387.5mm、【Height】（高度）为293.745mm，如图3-109所示。

5. 选择调整好的方体，在工具栏中选择【移动】工具，在按住 Shift 键的同时向下拖动长方体，在出现的【Clone Options】（克隆选项）面板中设置【Object】（对象）为【Copy】（复制），单击【OK】（确定）按钮完成操作，如图 3-110 所示。

图3-109　重新设置长方体参数

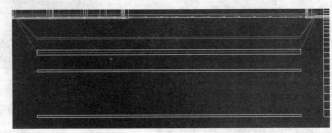

图3-110　复制长方体

6. 执行【Create→Standard Primitives→Box】（创建→标准基本体→长方体）命令，在前视图中创建一个新的长方体，同时在工具栏中选择【移动】工具，将新方体调整到如图 3-111 所示的位置。

7. 在右侧长方体的【Parameters】（参数）面板中，设置基本参数【Length】（长度）为 4105.07mm、【Width】（宽度）为 155.88mm、【Height】（高度）为 155.889mm，如图 3-112 所示。

8. 选择调整好的长方体，在工具栏中选择【移动】工具，在按住 Shift 键的同时向右拖动长方体，在出现的【Clone Options】（克隆选项）面板中设置【Object】（对象）为【Instance】（实例）、【Number of Copies】（副本数）为 7，单击【OK】（确定）按钮完成复制操作，如图 3-113 所示。

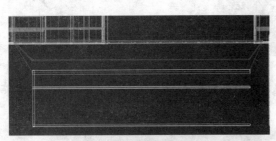

图3-111　创建新长方体

图3-112　设置长方体参数

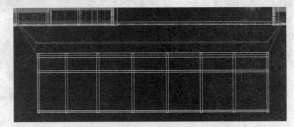

图3-113　复制长方体

9. 执行【Create→Standard Primitives→Box】（创建→标准基本体→长方体）命令，在前视图中创建一个新的长方体，同时在工具栏中选择【移动】工具，将新长方体调整到如图 3-114 所示的位置。

10. 在右侧长方体的【Parameters】（参数）面板中，设置基本参数【Length】（长度）为 2858.83mm、【Width】（宽度）为 80.899mm、【Height】（高度）为 80.899mm，如图 3-115 所示。

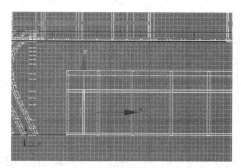

图3-114　创建长方体　　　　　　　图3-115　设置长方体参数

11. 选择新创建的长方体，在工具栏中选择【移动】工具，在按住 Shift 键的同时向右拖动长方体，在出现的【Clone Options】（克隆选项）面板中设置【Object】（对象）为【Instance】（实例）、【Number of Copies】（副本数）为 6，单击【OK】（确定）按钮完成复制操作，如图 3-116 所示。

12. 执行【Create→Standard Primitives→Box】（创建→标准基本体→长方体）命令，在前视图中创建一个新的长方体，作为玻璃材质的载体，同时在工具栏中选择【移动】工具，将新长方体调整到如图 3-117 所示的位置。

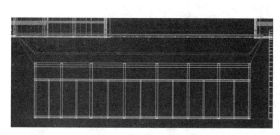

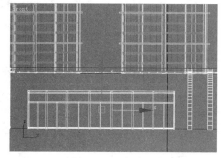

图3-116　复制长方体　　　　　　　图3-117　创建长方体

13. 在右侧长方体的【Parameters】（参数）面板中，设置基本参数【Length】（长度）为 3894.79mm、【Width】（宽度）为 16240.5mm、【Height】（高度）为 146.974mm，如图 3-118 所示。

图3-118　设置长方体参数

3.2 办公中心材质的制作

1. 执行【Rendering→Material Editor】（渲染→材质编辑器）命令，打开材质编辑器命令面板，选择第一个材质球并单击。单击 Standard 按钮，弹出（材质/贴图浏览器），展开"材质"→"标准"卷展栏，双击卷展栏中的标准材质，如图 3-119 所示。

2. 在【Blinn Basic Parameters】（Blinn 基本参数）面板中进行基本参数的设置。

3. 设置【Ambient】（环境光）为"黑色"、【Diffuse】（漫反射）为"重灰"、【Specular】（高光反射）为"淡黄"、【Specular Level】（高光级别）为 161、【Glossiness】（光泽度）为 8、【Soften】（柔化）设置为 0.5，同时将【Self-Illumination】（自发光）选项勾选，如图 3-120 所示。

4. 上一步骤中已经将【Self-IlluminatiOn】自发光选项勾选，单击其后面的颜色框，打开【Self-Illumination Color】（颜色选择器：自发光颜色）面板并进行设置，如图 3-121 所示。

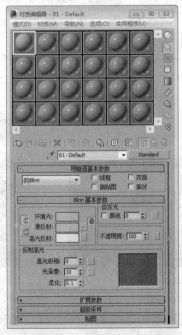

图3-119 材质编辑器

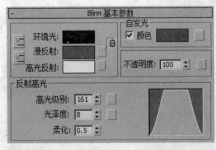

图3-120 设置【Blinn 基本参数】面板

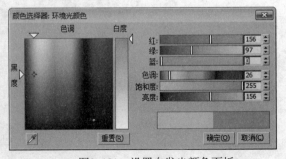

图3-121 设置自发光颜色面板

5. 单击【Maps】（贴图）前面的加号（+），打开【Maps】（贴图）命令面板，首先单击【Diffuse Color】（漫反射颜色）后面的【None】（无）按钮，从打开的浏览器中选择【Falloff】（衰减）单击，然后再单击【ReflectiOn】（反射）后面的【None】（无）按钮，从打开的浏览器中选择【Raytrace】（光线跟踪）并单击，再将【Raytrace】（光线跟踪）前面的【Amount】（数量）设置为 35，如图 3-122 所示。

6. 单击进入【Raytracer Parameters】（光线跟踪器参数）命令面板，然后对【Local Options】（局部选项）和【Trace Mode】（跟踪模式）进行设置。将【Local Options】（局部选项）下面的选项全部勾选，将【Trace Mode】（跟踪模式）设置为【Auto Detect】（自动检测），如图 3-123 所示。

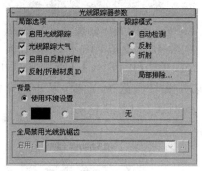

图3-122　设置【贴图】命令面板　　　　图3-123　设置【光线跟踪器参数】面板

7. 单击进入【Falloff Parameters】（衰减参数）命令面板并进行设置，单击【Falloff Direction】（衰减方向）的下拉菜单从中选择【Viewing Direction（Camera Z-Axis）】（查看方向（摄像机 Z 轴）），如图 3-124 所示。

8. 经过一系列的调整和参数设置，最终的玻璃材质效果如图 3-125 所示。选择整个中心的上面部分，单击图标，将材质赋予物体，完成方柱材质的制作。

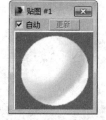

图3-124　设置【衰减参数】命令面板　　　　图3-125　材质效果

9. 回到材质编辑器命令面板，选择第 2 个材质球并单击，同上所述切换到标准材质。在【Blinn Basic Parameters】（Blinn 基本参数）面板中进行基本参数的设置，设置【Ambient】（环境光）为"黑色"，【Diffuse】（漫反射）为"中灰"，【Specular】（高光反射）为"灰白"、【Specular Level】（高光级别）为 33、【Glossiness】（光泽度）为 57、【Soften】（柔化）为 0.1，同时将【Self-Illumination】（自发光）选项勾选，如图 3-126 所示。

10. 上一步骤中已经将【Self-Illumination】（自发光）选项勾选，单击其后面的颜色框，打开【Self-Illumination Color】（颜色选择器：自发光颜色）面板进行设置，设置【Red】（红）为 55、【Green】（绿）为 35、【Blue】（蓝）为 0，如图 3-127 所示。

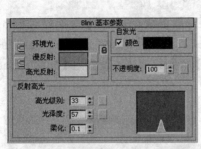
图3-126　设置Blinn 基本参数面板

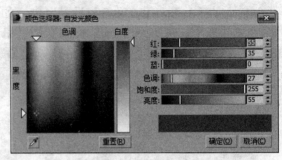
图3-127　设置自发光颜色面板

11. 单击【Diffuse】（漫反射）后面的【None】（无）按钮，打开【Material/Map Browser】（材质/贴图浏览器）面板，从中选择【Bitmap】（位图）并单击，然后打开【Select Bitmap Image File】（选择位图图像文件）面板，选择一种大理石，如图 3-128 所示，完成打开操作。

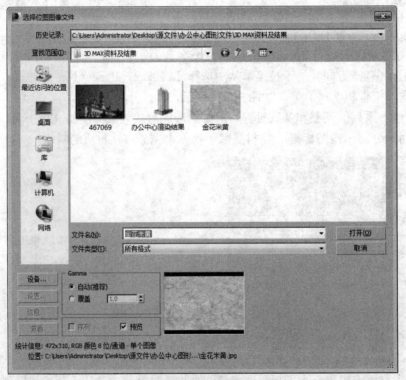
图3-128　添加贴图

12. 在【Coordinates】（坐标）面板中对其基本参数进行设置，设置【Tiling】（瓷砖）为 10.0、【Blur】（模糊）为 1.0，如图 3-129 所示。

13. 经过一系列的调整和参数设置，最终的大理石材质效果如图 3-130 所示。将中心下面的主体部分选择，单击图标，将材质赋予物体，完成大理石材质的制作。

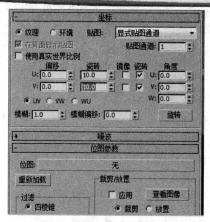

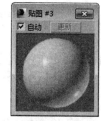

图3-129　设置【坐标】命令面板　　　　　图3-130　大理石材质效果

14．回到【材质编辑器】命令面板，选择第 3 个材质球单击，同上所述切换到标准材质。在【Blinn Basic Parameters】（Blinn 基本参数）面板中进行基本参数的设置，设置【Ambient】（环境光）为"灰色"、【Diffuse】（漫反射）为"中灰"、【Specular】（高光反射）为"白色"、【Specular Level】（高光级别）为 0、【Glossiness】（光泽度）为 10、【Soften】（柔化）为 0.1，如图 3-131 所示。

15．单击【Diffuse】（漫反射）后面的【None】（无）按钮，打开【Material/Map Browser】（材质/贴图浏览器）面板，从中选择【Bitmap】（位图）并单击，然后打开【Select Bitmap Image File】（选择位图图像文件）面板，选择一张风景贴图，如图 3-132 所示，完成打开操作。

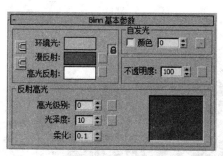

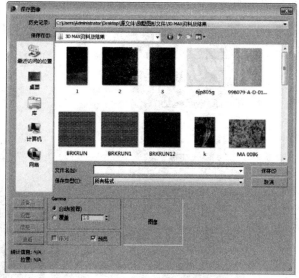

图3-131　设置【Blinn 基本参数】面板　　　　　图3-132　添加贴图

16．在【Coordinates】（坐标）面板中对其基本参数进行设置，设置【Tiling】（瓷砖）为 1.0，【Blur】（模糊）为 1.0，如图 3-133 所示。

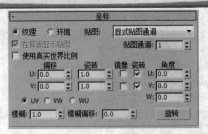

图3-133 设置【坐标】命令面板

17. 选择门口处作为玻璃的长方体,单击图标 ，将材质赋予长方体,完成玻璃材质折射效果的制作。

3.3 办公中心灯光的制作

3.3.1 聚光灯的创建

1. 执行【Create→Lights→Standard Lights→Target Spotlight】（创建→灯光→标准灯光→目标聚光灯）命令,或者在右侧命令面板【Object Type】（对象类型）中选择【Target Spot】（目标聚光灯）并单击,如图3-134所示。

2. 进入前视图中,以鼠标单击拖动来创建【Target Spot】（目标聚光灯）,创建完之后,在工具栏中选择【移动】工具,对【Target Spot】（目标聚光灯）的位置进行调整,结果如图3-135所示。

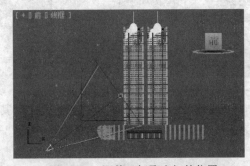

图3-134 选择【目标聚光灯】　　　　图3-135 调整目标聚光灯的位置

3. 将视图转化为顶视图。在工具栏中选择【移动】工具,然后对【Target Spot】（目标聚光灯）的位置做进一步的调整，结果如图 3-136 所示。

4．将视图转化为右视图，在工具栏中选择【移动】工具，对【Target Spot】（目标聚光灯）的位置做进一步调整，结果如图 3-137 所示。

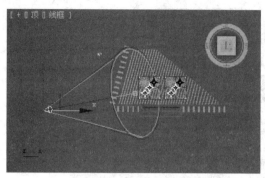
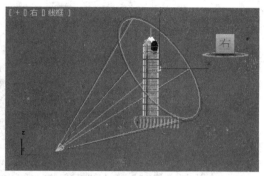

图3-136　在顶视图中位置的调整　　　　　图3-137　在右视图中位置的调整

5．在工具栏中选择工具，将【Target Spot】（目标聚光灯）选中，然后进入右侧【General Parameters】（常规参数）命令面板进行设置。首先将【Shadows】（阴影）下面的【On】（启用）进行勾选，这样就将聚光灯的投影打开了。然后将【Multip】（倍增）设置为 0.48，如图 3-138 所示。

6．单击【Multip】（倍增）后面的色彩框，打开【Light Color】（颜色选择器：灯光颜色）控制面板，设置【Red】（红）为 236、【Green】（绿）为 224、【Blue】（蓝）为 204，如图 3-139 所示。

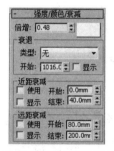
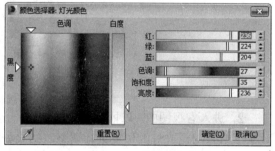

图3-138　设置【强度/颜色/衰减】面板　　　　　图3-139　设置灯光色彩

7．单击【Spotlight Parameters】（聚光灯参数）前面的加号（+），打开【Spotlight Parameters】（聚光灯参数）面板，设置【Beam】（聚光区/光束）为 39.2，设置【Field】（衰减区/区域）为 50.5，同时选中【Circle】（圆），如图 3-140 所示。

8．单击【Shadow Parameters】（阴影参数）前面的加号（+），打开【Shadow Parameters】（阴影参数）面板，设置【Dens】（密度）为 1.0，同时对颜色进行设置，如图 3-141 所示。

图3-140　设置【聚光灯参数】面板　　　　　图3-141　设置【阴影参数】面板

9. 单击【Color】（颜色）后面的色彩框，打开【Shadow Color】（颜色选择器：阴影颜色）控制面板，设置【Red】（红）为 55、【Green】（绿）为 28、【Blue】（蓝）为 14，如图 3-142 所示。

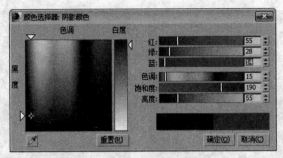

图3-142　设置投影色彩

10. 执行【保存】命令进行保存，聚光灯制作完成。

3.3.2　泛光灯的创建

1. 执行【Create→Lights→Standard Lights→Omni】（创建→灯光→标准灯光→泛光灯）命令，或者在右侧命令面板【Object Type】（对象类型）中选择【Omni】（泛光灯）单击，如图 3-143 所示。

图3-143　选择【泛光】

2. 进入右视图中，以鼠标单击来创建一盏泛光灯。创建完之后，在工具栏中选择【移动】工具，对泛光灯的位置进行调整，结果如图 3-144 所示。

3. 将视图转化为顶视图，在工具栏中选择【移动】工具，然后对泛光灯的位置做进一步的调整，结果如图 3-145 所示。

图3-144　位置调整　　　　　　　　　　　　图3-145　顶视图中位置的调整

4. 在工具栏中单击选择工具，将【Omni】（泛光灯）选中。首先进入右侧【General Parameters】（常规参数）命令面板中进行设置，取消【Shadows】（阴影）下面【On】

（启用）的勾选，此时的泛光灯不会有投影出现。然后将【Multip】（倍增）设置为 0.7，如图 3-146 所示。

5. 单击【Multip】（倍增）后面的色彩框，打开【Light Color】（颜色选择器：灯光颜色）控制面板，设置【Red】（红）为 236、【Green】（绿）为 224、【Blue】（蓝）为 204，如图 3-147 所示。

6. 单击【Shadow Parameters】（阴影参数）前面的加号（+），打开【Shadow Parameters】（阴影参数）面板，设置【Dens】（密度）为 1.0，同时将颜色调整为深棕色，如图 3-148 所示。

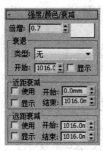

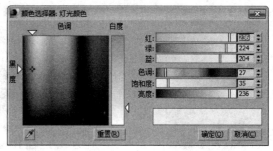

图3-146　设置【强度/颜色/衰减】面板　　　　　　图3-147　设置灯光色彩

7. 单击【Color】（颜色）后面的色彩框，打开【Shadow Color】（颜色选择器：阴影颜色）控制面板，设置【Red】（红）为 97，【Green】（绿）为 57，【Blue】（蓝）为 25，如图 3-149 所示。

8. 执行【Create→Lights→Standard Lights→Omni】（创建→灯光→标准灯光→泛光灯）命令，或者在右侧命令面板【Object Type】（对象类型）中选择【Omni】（泛光灯）并单击。

9. 进入【Right】（右）视图，以鼠标单击来创建一盏泛光灯。创建完之后，在工具栏中选择【移动】工具，对泛光灯的位置进行调整，结果如图 3-150 所示。

10. 将视图转化为前视图，在工具栏中选择【移动】工具，然后对泛光灯的位置做进一步的调整，结果如图 3-151 所示。

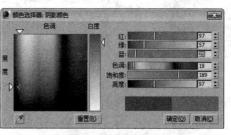

图3-148　设置【阴影参数】面板　　　　　　图3-149　调整投影色彩

图3-150　创建新泛光灯　　　　　　图3-151　在前视图中调整泛光灯的位置

11. 在工具栏中单击选择工具，将【Omni】（泛光灯）选中，首先进入右侧【General Parameters】（常规参数）命令面板，取消【Shadows】（阴影）下面【On】（启用）的勾选，此时的泛光灯不会有投影出现。然后将【Multip】（倍增）设置为 0.45，【强度/颜色/衰减】面板的其他设置如图 3-152 所示。

12. 单击【Multip】（倍增）后面的色彩框，打开【Light Color】（颜色选择器：灯光颜色）控制面板，设置【Red】（红）为 254、【Green】（绿）为 250、【Blue】（篮）为 242，如图 3-153 所示。

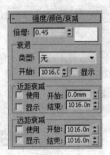

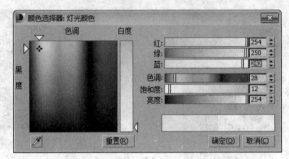

图3-152 设置【强度/颜色/衰减】面板　　　　　图3-153 设置灯光色彩

13. 单击【Shadow Parameters】（阴影参数）前面的加号（+），打开【Shadow Parameters】（阴影参数）面板，设置【Dens】（密度）为 1.0，同时将颜色调整为黑色。阴影颜色的设置如图 3-154 所示。

14. 执行【Create→Lights→Standard Lights→Omni】（创建→灯光→标准灯光→泛光灯）命令，或者在右侧命令面板【Object Type】（对象类型）中选择【Omni】（泛光灯）并单击，如图 3-155 所示。

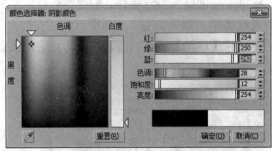

图3-154 设置【颜色选择器：阴影颜色】面板　　　图3-155 选择【泛光】

15. 进入前视图中，以鼠标单击拖动来创建【Omni】（泛光灯）。创建完成之后，在工具栏中选择【移动】工具，对【Omni】（泛光灯）的位置进行调整，结果如图 3-156 所示。

16. 将视图转化为顶视图，在工具栏中选择【移动】工具，然后对【Omni】（泛光灯）的位置做进一步调整，结果如图 3-157 所示。

17. 在工具栏中单击选择工具，将【Omni】（泛光灯）选中，首先进入右侧【General Parameters】（常规参数）命令面板，取消【Shadows】（阴影）下面【On】（启用）的勾选，此时的泛光灯不会有投影出现。然后将【Multip】（倍增）设置为 0.65，如图 3-158 所示。

18. 单击【Multip】（倍增）后面的色彩框，打开【Light Color】（颜色选择器：灯光颜色）控制面板，设置【Red】（红）为 254、【Green】（绿）为 250、【Blue】（蓝）

为 242，如图 3-159 所示。

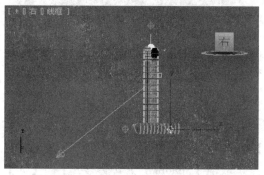

图3-156　在前视图中调整泛光灯的位置

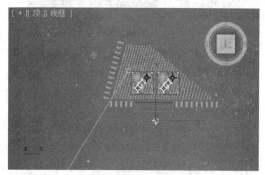

图3-157　在顶视图中调整泛光灯的位置

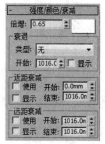

图3-158　设置【强度/颜色/衰减】面板

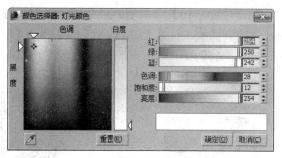

图3-159　设置灯光色彩

19．单击【Shadow Parameters】（阴影参数）前面的加号(+)，打开【Shadow Parameters】（阴影参数）面板，设置【Dens】（密度）为 1.0，同时将颜色调整为重灰色，如图 3-160 所示。

20．单击【Color】（颜色）后面的色彩框，打开【Shadow Color】（颜色选择器：阴影颜色）控制面板，设置【Red】（红）为 55、【Green】（绿）为 55、【Blue】（蓝）为 55，如图 3-161 所示。

图3-160　设置【阴影参数】面板

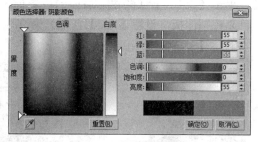

图3-161　调整投影色彩

21．在工具栏中单击选择工具，然后选择调整好的【Omni】（泛光灯），在工具栏中选择【移动】工具，在按住 Shift 键的同时拖动【Omni】（泛光灯），使之远离建筑物，在出现的【Clone Options】（克隆选项）面板中选择【Copy】（复制），单击【OK】（确定）按钮完成复制操作，如图 3-162 所示。

22．将视图转化为顶视图，在工具栏中选择【移动】工具，然后对【Omni】（泛光灯）的位置做进一步的调整，结果如图 3-163 所示。

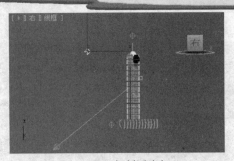
图3-162　复制泛光灯

图3-163　顶视图中泛光灯位置的调整

23. 在工具栏中单击选择工具，将【Omni】（泛光灯）选中。首先进入右侧【General Parameters】（常规参数）命令面板中进行设置，取消【Shadows 】（阴影）下面【On】（启用）的勾选，此时的泛光灯就不会有投影出现。然后将【Multip】（倍增）设置为0.7，如图3-164 所示。

24. 单击【Multip】（倍增）后面的色彩框，打开【Light Color】（颜色选择器：灯光颜色）控制面板，设置【Red】（红）为236\【Green】（绿）为224，【Blue】（蓝）为204，如图 3-165 所示。

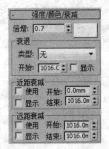
图3-164　设置【强度/颜色/衰减】面板

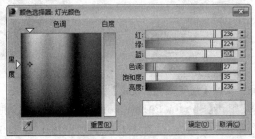
图3-165　设置灯光色彩

25. 单击【Shadow Parameters】（阴影参数）前面的加号(+)，打开【Shadow Parameters】（阴影参数）面板，设置【Dens】（密度）为1.0，同时将颜色调整为红棕色，如图3-166 所示。

26. 单击【Color】（颜色）后面的色彩框，打开【Shadow Color】（颜色选择器：阴影颜色）控制面板，设置【Red】（红）为97，【Green】（绿）为57，【Blue】（蓝）为25，如图 3-167 所示。

图3-166　设置【阴影参数】面板

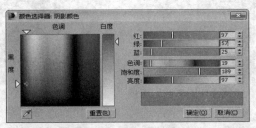
图3-167　调整投影色彩

3.3.3 设置渲染窗口

1. 在工具栏中单击【渲染】的图标 ，或者使用快捷键F10，打开【Render Scence】（渲染场景）命令面板。

图3-168　设置【光线跟踪器全局参数】面板　　　　图3-169　设置【默认扫描线渲染器】面板

2. 在【Render Setup】(渲染设置)命令面板中单击【Raytracer】（光线跟踪器），然后单击【Raytracer Global Parameters】（光线跟踪器全局参数）前面的加号（+），打开【Raytracer Global Parameters】（光线跟踪器全局参数）面板，在【Ray Depth Control】（光线深度控制）下设置【Maximum Depth】（最大深度）为9，设置【Cutoff Threshold】（中止阀值）为0.05，选择【Background】（背景）；同时在【Global Ray Antialiaser】（全局光线抗锯齿器）下将【On】（启用）勾选，从其下拉菜单中选择【Fast Adaptive Antialiaser】（快速自适应抗锯齿器）；将【Global Raytrace Engine Options】（全局光线抗锯齿器）下的所有选项勾选，如图3-168所示。

3. 在【Render Setup】(渲染设置)命令面板中单击【Renderer】（渲染器），然后单击【Default Scanline Renderer】（默认扫描线渲染器）前面的加号（+），打开【Default Scanline Renderer】（默认扫描线渲染器）面板，在【Options】（选项）下将【Mappin】（贴图）、【Shadows】（阴影）、【Auto-Reflect/Refract】（自动反射/折射渲染器）三个选项勾选；在【Antialiasing】（抗锯齿）选项中将【Antialias】（抗锯齿）和【Filter Maps】（过滤贴图）进行勾选，同时设置【Filter】（过滤器）的模式为【Area】（区域），将【Filter Size】（过滤器大小）设置为1.5，其他一些具体的设置如图3-169所示。

4. 在【Render Setup】(渲染设置)命令面板中单击【Common】(公用)，然后单击【Common Parameters】（公用参数)前面的加号（+），打开【Common Parameters】（公用参数）面板，在【Time Output】（时间输出）下将【Single】（单帧）选项勾选；设置【Output Size】（输出大小）为【Custom】（自定义）、【Width】（宽度）为2400、【Height】（高度）为1800、【Image Aspect】（图像纵横比）为1.333；在【Options】(选项)下将【Atmospherics】（大气）、【Effects】（效果）和【Displacement】（置换）勾选，如图3-170所示。

5. 在【Render Setup】(渲染设置)命令面板中将【Raytracer Global Parameters】

（光线跟踪器全局参数）面板，【Default Scanline Renderer】（默认扫描线渲染器）面板和【Common Parameters】（公用参数)面板设置完毕之后，可以进行最终的渲染。先选择透视图，再在该命令面板中单击【Render】（渲染）按钮，渲染效果如图 3-171 所示。

图3-170 设置【公用参数面板】

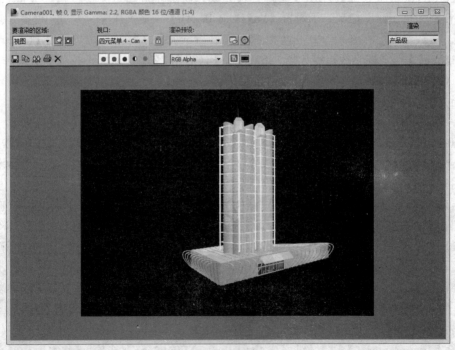

图3-171 渲染效果

6．将图片进行保存，同时将 3D 文件保存。执行【保存】命令进行保存，办公中心灯光制作完成。

3.4 办公中心的图像合成

1．执行【文件】→【新建】命令，在【新建】对话框进行如图 3-172 所示的设置，创建一个新的文件。

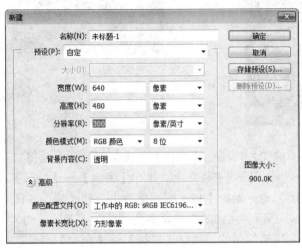

图3-172 创建新文件

2．执行【文件】→【打开】命令，在目录或光盘中选择打开"办公中心.jpg"，单击【魔棒】工具图标，在办公中心图片的白色区域内单击，并执行【选择】→【反选】命令，再执行【编辑】→【拷贝】命令，然后回到主画布上，执行【编辑】→【粘贴】命令，置入办公中心层，如图 3-173 所示。

3．打开一张天空的图片，执行【选择】→【全部】命令，将其全部选中，执行【编辑】→【拷贝】命令，然后回到主画布上，执行【编辑】→【粘贴】命令，置入天空层如图 3-174 所示。

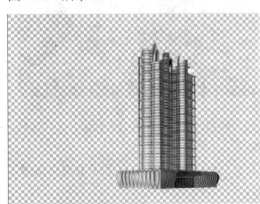

图3-173 置入办公中心层

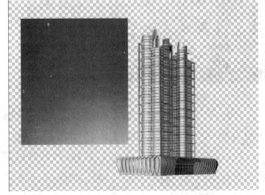

图3-174 置入天空层

4．由于天空图层是后加的，所以它出现在办公中心图层的上面，因此要将其位置向下移动，使之处于办公中心图层的下面。进入【图层】命令面板中，将图层 1 向下拖动，如图 3-175 所示。

5．在右侧【图层】命令面板中将天空图层单击，使之处于激活状态，执行【编辑】

→【自由变换】命令，将天空的大小调整到如图 3-176 所示位置。

图3-175　调整图层位置

图3-176　调整天空位置

6. 打开一张水面的图片，执行【选择】→【全部】命令，将其全部选中，执行【编辑】→【拷贝】命令，然后回到主画布上，执行【编辑】→【粘贴】命令。

7. 在右侧【图层】命令面板中将水面图层单击，使之处于激活状态，执行【编辑】→【自由变换】命令，然后将水面的大小调整到如图 3-177 所示的大小。

8. 打开一张有关建筑的图片，执行【选择】→【全部】命令，将其全部选中，执行【编辑】→【拷贝】命令，然后回到主画布上，执行【编辑】→【粘贴】命令。

9. 在右侧【图层】命令面板中将建筑图层单击，使之处于激活状态，执行【编辑】→【自由变换】命令，然后将建筑图层的位置和大小进行调整，结果如图 3-178 所示。

图3-177　置入水面层

图3-178　置入建筑层

10. 在工具箱中选择【橡皮擦】工具图标，然后在橡皮擦的控制面板中进行设置，选择大小 100 的画笔，将【不透明度】设置为 50。

11. 将调整好的橡皮擦工具移动到建筑图层上，逐步进行擦除，注意不要追求快速，擦的时候注意虚实的感觉，结果如图 3-179 所示。

12. 打开另一张有关建筑的图片，执行【选择】→【全部】命令，将其全部选中，执行【编辑】→【拷贝】命令，然后回到主画布上，执行【编辑】→【粘贴】命令，置入新建筑层，如图 3-180 所示。

13. 在工具箱中选择【橡皮擦】工具图标，然后在橡皮擦的控制面板中进行设置，选择大小 300 的画笔，将【不透明度】设置为 40。

图3-179　擦除处理　　　　　　　　　　　　图3-180　置入新建筑层

14．将调整好的橡皮擦工具移动到新建筑图层上，逐步进行虚化，结果如图 3-181 所示。

15．在右侧【图层】命令面板中单击建筑图层，使之处于激活状态，执行【编辑】→【自由变换】命令，将建筑图层的位置和大小进行调整，结果如图 3-182 所示。

16．进入【图层】命令面板，将办公中心图层拖动到除了天空图层之外的其余图层的下面，同时对沙滩和绿色植物进行大小和位置调整。

17．在工具箱中选择裁剪工具，对画布进行裁剪，最终的效果如图 3-183 所示。

18．进入办公中心图层，确保在激活的状态下将其选择，执行【编辑】→【拷贝】命令，然后回到主画布上，执行【编辑】→【粘贴】命令，完成新的办公中心图层的复制，将其作为办公中心的投影，如图 3-184 所示。

图3-181　虚化处理　　　　　　　　　　　　图3-182　调整新建筑层

图3-183　对画布进行裁剪　　　　　　　　　图3-184　复制办公中心的投影

19．将新复制的办公中心图层选中，然后执行【编辑】→【自由变换】命令，将其旋转 180°，效果如图 3-185 所示。

20．在工具箱中选择【橡皮擦】工具图标 ，然后在橡皮擦的控制面板中进行设置，选择大小 50 的画笔，将【不透明度】设置为 90。将调整好的橡皮擦工具移动到新复制的办公中心图层上，然后逐步进行清除处理，效果如图 3-186 所示。

图3-185　旋转新图层　　　　　　　　　　　图3-186　擦除多余部分

21．进入【图层】命令面板中，将新复制的办公中心图层的位置拖动到如图 3-187 所示的位置。

22．执行【图像】→【调整】→【色相/饱和度】命令，在命令面板中进行如图 3-188 所示的设置。

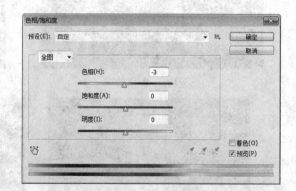

图3-187　调整图层位置　　　　　　　　　　图3-188　设置投影的色相

23．在工具箱中选择【橡皮擦】工具 ，然后在橡皮擦的控制面板中进行设置，选择大小 300 的画笔，将【不透明度】设置为 42。

24．将调整好的橡皮擦工具移动到办公中心图层上，逐步进行虚化，效果如图 3-189 所示。

25．经过多次重复上述操作，对办公中心的投影进行虚化和色相调整，最终的效果如图 3-190 所示。

图3-189　虚化处理

图3-190　最终效果

26.执行【文件】→【存储为】命令，将文件保存为"办公中心.psd"，本例制作完毕。

3.5 案例欣赏

图3-191　案例欣赏1

图3-192　案例欣赏2

图3-193　案例欣赏3

图3-194　案例欣赏4

图3-195　案例欣赏5

图3-196　案例欣赏6

图3-197　案例欣赏7

图3-198　案例欣赏8

图3-199　案例欣赏9

图3-200　案例欣赏10

第4章　别墅效果图制作

练习目标

一句话讲解

◆ 建模：掌握基本的【Loft】（放样）、【Lathe】（旋转）和【Boolean】（布尔运算）的使用方法。

◆ 材质：学习简单材质的赋予和【Raytrace】（光线跟踪）材质的使用。

◆ 灯光：学习和运用【Target Spot】（目标聚光灯）及创建室外灯光。

◆ 【Layer】（图层）：用于多张图片的合成和叠加，以利于对单张图片做进一步的修改和调整。

◆ 【Eraser Tool】（橡皮擦工具）：用来制作边缘模糊的效果，相当于滤镜中的模糊功能，但是更自由灵活。

◆ 【Free Transfrom】（自由变换）命令：用于缩放和旋转图像，使用时执行【Edit】→【Free Transfrom】（编辑→自由变换）命令，同时按住 Shift 键实现等比例缩放。

图4-1　效果图

现场操作

本章以如图 4-1 所示的别墅为题材，创建一个给人充分自由和安逸的小世界，。虽然别墅的创建模型量比较大，材质的设定也比较复杂，但本章的制作方法介绍得很详细。具体的步骤将在现场操作中进行详细讲解。

4.1 创建别墅模型

4.1.1 创建一层墙面及房檐

1. 启动 3DS Max 2016 软件，界面如图 4-2 所示。

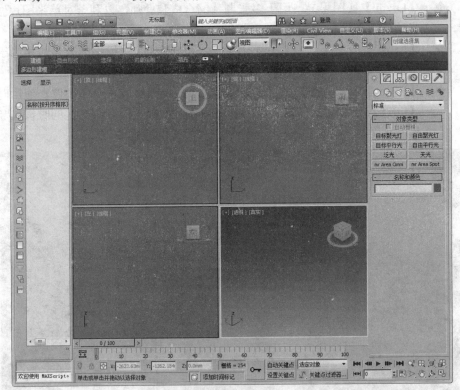

图4-2 软件界面

2. 执行【Create→Standard Primitives→Box】（创建→标准基本体→长方体）命令，在前视图中创建一个长方体，作为墙的立面，如图 4-3 所示。

3. 执行【Create→Standard Primitives→Box】（创建→标准基本体→长方体）命令，在顶视图中新创建一个长方体，调整位置如图 4-4 所示。

4. 执行【Create→Standard Primitives→Box】（创建→标准基本体→长方体）命令，再在顶视图中新创建一个长方体，位置如图 4-5 所示。

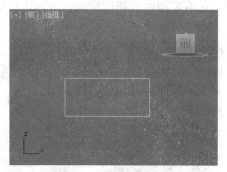

图4-3　创建长方体

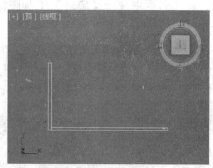

图4-4　创建新长方体

5. 在工具栏中选择【旋转】工具图标，在顶视图中对新创建的长方体进行旋转，如图 4-6 所示。

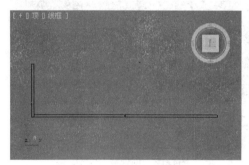

图4-5　再创建长方体

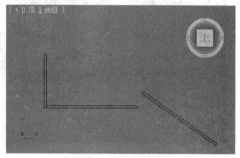

图4-6　旋转长方体

6. 在工具栏中选择【移动】工具图标，在顶视图中对新创建的长方体（墙面）位置进行调整，如图 4-7 所示。

7. 在前视图中，对刚创建的墙面做进一步调整，位置如图 4-8 所示。

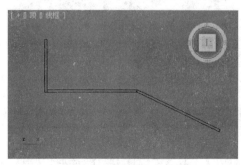

图4-7　调整长方体位置

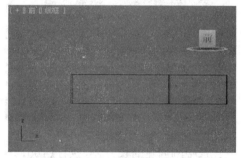

图4-8　进一步调整长方体位置

8. 执行【Create→Standard Primitives→Box】（创建→标准基本体→长方体）命令，在左视图中新创建一个长方体，位置如图 4-9 所示。

9. 在工具栏中选择【旋转】工具图标，在左视图中对新创建的长方体进行旋转，如图 4-10 所示。

10. 在工具栏中选择【移动】工具图标，在左视图中对新创建的长方体位置进行调整，如图 4-11 所示。

11. 执行【Create→Standard Primitives→Box】（创建→标准基本体→长方体）命

令，再在前视图中新创建一个长方体，位置如图 4-12 所示。

12．在工具栏中选择【旋转】工具图标◐，在前视图中对新创建的长方体进行旋转，如图 4-13 所示。

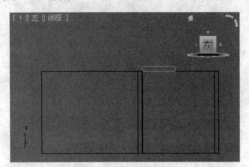

图4-9　创建长方体

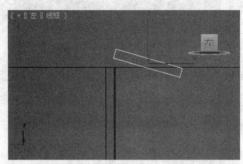

图4-10　旋转长方体

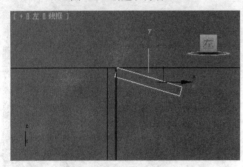

图4-11　调整长方体位置

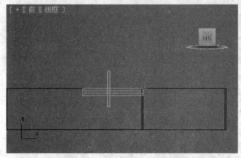

图4-12　创建新长方体

13．在工具栏中选择【移动】工具✥，在左视图中对新建立的长方体位置进行调整，如图 4-14 所示。

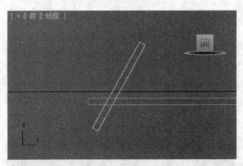

图4-13　旋转新长方体

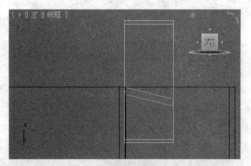

图4-14　调整新长方体位置

14．选中刚创建的长方体，执行【Tools→Mirror】（工具→镜像）命令，然后在【Mirror】（镜像：屏幕 坐标）面板中设置坐标轴为 X 轴、【Clone Selection】（克隆当前选择）模式为【Copy】（复制），如图 4-15 所示，单击【OK】（确定）按钮完成另一个长方体的复制，如图 4-16 所示。

15．在工具栏中选择【移动】工具图标✥，在前视图中对复制的长方体位置进行调整，如图 4-17 所示。

16．执行【Create→Standard Primitives→Box】（创建→标准基本体→长方体）命令，在前视图中新创建一个长方体，位置如图 4-18 所示。

17. 选择【移动】工具图标 ⬩，在左视图中对长方体位置进行调整，如图 4-19 所示。

18. 选中新创建的长方体，在工具栏中选择【移动】工具，然后在按住 Shift 键的同时拖动物体，出现【Clone Options】（克隆选项）面板，设置如图 4-20 所示。

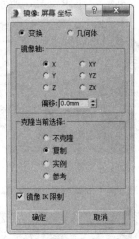

图4-15　设置（镜像：屏幕 坐标）面板

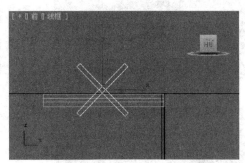

图4-16　镜像复制长方体

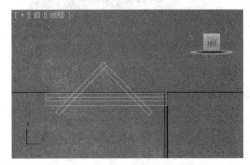

图4-17　调整复制长方体的位置

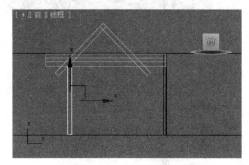

图4-18　创建新长方体

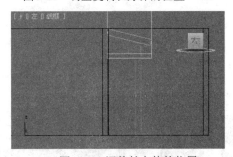

图4-19　调整长方体的位置

图4-20　设置【克隆选项】面板

19. 执行【Create→Standard Primitives→Box】（创建→标准基本体→长方体）命令，在前视图中新创建一个长方体，位置如图 4-21 所示。

20. 选择【移动】工具图标 ⬩，在顶视图中对长方体的位置进行调整，如图 4-22 所示。

21. 执行【Create→Standard Primitives→Box】（创建→标准基本体→长方体）命令，再在前视图中新创建一个长方体，位置如图 4-23 所示。

22. 选择【移动】工具图标 ⬩，在顶视图中对长方体位置进行调整，如图 4-24 所示。

23. 执行【Modifiers→Mesh Editing→Edit Mesh】（修改器→网格编辑→编辑网格）命令，或者单击【Modify】（修改）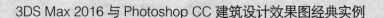选项卡的下拉菜单，从中选择【Edit Mesh】（编辑网格）修改器，添加编辑网格修改器，如图 4-25 所示。

24. 在【Selection】（选择）命令面板中单击点的图标，如图 4-26 所示。

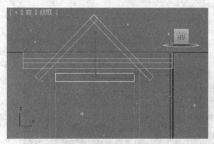

图4-21　创建新长方体

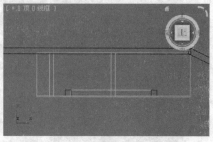

图4-22　调整新长方体的位置

图4-23　再创建长方体

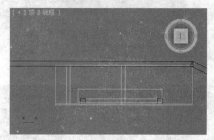

图4-24　调整新长方体的位置

25. 在工具栏中选择【移动】工具图标，在前视图中选择节点进行位置调整，如图 4-27 所示。

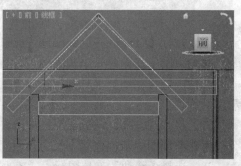

图4-25　添加编辑网格修改器　　图4-26　设置选择面板　　　　图4-27　位置调整

4.1.2 创建二层墙面及房檐

1. 执行【Create→Standard Primitives→Box】（创建→标准基本体→长方体）命令，在顶视图中创建一个长方体，位置如图 4-28 所示。

2. 在工具栏中选择【移动】工具图标 ✛，然后在前视图中对长方体进行位置调整，结果如图 4-29 所示。

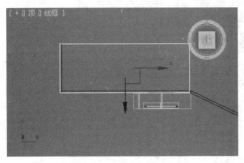
图4-28　创建长方体

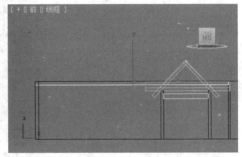
图4-29　调整位置

3. 执行【Create→Standard Primitives→Box】（创建→标准基本体→长方体）命令，再在前视图中新创建一个长方体，位置如图 4-30 所示。

4. 执行【Create→Standard Primitives→Box】（创建→标准基本体→长方体）命令，在前视图中创建另一个长方体，如图 4-31 所示。

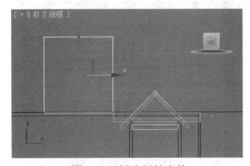
图4-30　创建新长方体

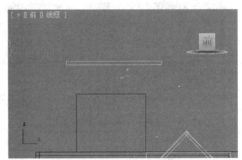
图4-31　创建另一个长方体

5. 在工具栏中单击【旋转】工具图标 ⟳，在前视图中对新创建的长方体进行旋转，如图 4-32 所示。

6. 在工具栏中选择【移动】工具图标 ✛，在前视图中对新创建的长方体进行位置调整，结果如图 4-33 所示。

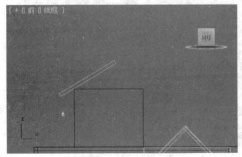
图4-32　旋转新长方体

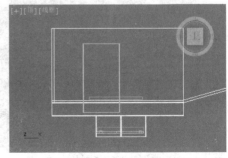
图4-33　调整长新方体位置

7. 选中长方体，执行【Tools→Mirror】（工具→镜像）命令，然后在【Mirror】（镜像：世界 坐标）面板中设置坐标轴为 X 轴，【Clone Selection】（克隆当前选择）模式为【Instance】（实例），如图 4-34 所示，单击【OK】（确定）按钮完成另一个长方体的复制。

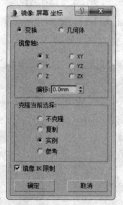

图4-34 设置【镜像：屏幕 坐标】面板

8. 在工具栏中选择【移动】工具图标，在左视图中对长方体进行位置调整，如图 4-35 所示。

9. 执行【Create→Standard Primitives→Box】（创建→标准基本体→长方体）命令，在前视图中再创建一个长方体，如图 4-36 所示。

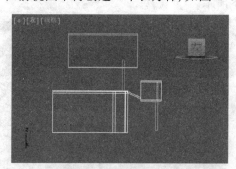
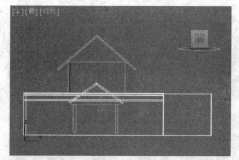

图4-35 调整长方体位置　　　　　　　图4-36 创建新长方体

10. 选中新创建的长方体，在工具栏中选择【移动】工具，在按住 Shift 键的同时拖动物体，在出现的【Clone Options】（克隆选项）对话框中设置【Object】（对象）的模式为【Instance】（实例），调整尖顶的大小，如图 4-37 所示。

11. 在左视图中，通过【移动】工具将尖顶和立面墙全部选中，如图 4-38 所示。

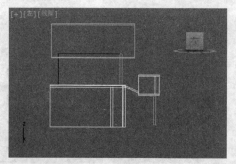
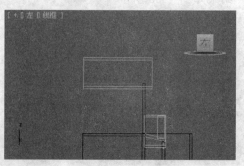

图4-37 复制长方体　　　　　　　　　图4-38 调整位置

12．在工具栏中选择【缩放】工具图标，然后在按住 Shift 键的同时缩放物体，在出现的【Clone Options】（克隆选项）对话框中设置【Object】（对象）模式为【Copy】（复制），如图 4-39 所示。完成复制操作后的效果如图 4-40 所示。

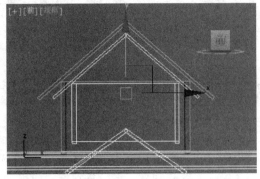

图4-39　设置【克隆选项】面板　　　　　图4-40　缩放复制物体

13．在工具栏中选择【移动】工具图标，在前视图中对复制的物体进行位置调整，如图 4-41 所示。

14．执行【Create→Standard Primitives→Box】（创建→标准基本体→长方体）命令，再在前视图中新创建一个长方体，位置如图 4-42 所示。

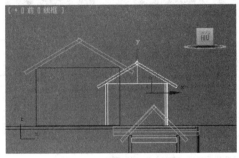

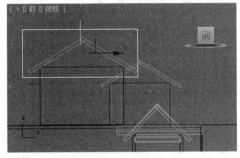

图4-41　调整复制物体的位置　　　　　　图4-42　创建新长方体

15．执行【Modifiers→Mesh Editing→Edit Mesh】（修改器→网格编辑→编辑网格）命令，或者单击【Modify】（修改）选项卡的下拉菜单，从中选择【Edit Mesh】（编辑网格）修改器，然后单击【编辑网格】前面的加号（+），在子菜单中选择【Vertex】（顶点），如图 4-43 所示。

图4-43　选择【顶点】

16．在工具栏中选择【移动】工具图标，然后在前视图中选择节点进行位置调整，结果如图 4-44 所示。

17．在工具栏中选择【移动】工具图标，在左视图中进一步调整节点的位置，如图

4-45 所示。

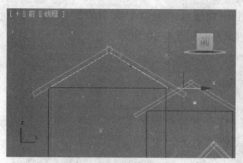

图4-44 调整节点的位置

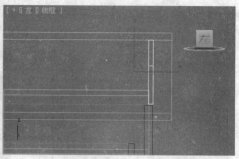

图4-45 进一步调整节点的位置

18．选择调整过的墙面，在工具栏中选择【缩放】工具图标，在按住 Shift 键的同时缩放物体，在出现的【Clone Options】（克隆选项）对话框中设置【Object】（对象）模式为【Copy】（复制）。完成复制后的效果如图 4-46 所示。

19．在工具栏中选择【移动】工具图标，然后在前视图中调整复制物体的位置，同时选择节点做进一步调整，结果如图 4-47 所示。

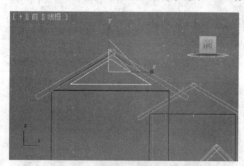

图4-46 缩放复制物体

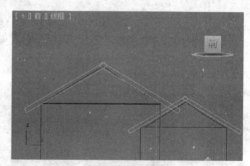

图4-47 调整节点

20．在顶视图中调整其位置，如图 4-48 所示。

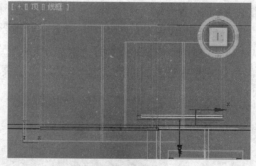

图4-48 调整位置

4.1.3 创建侧面及房檐

1．执行【Create→Standard Primitives→Box】（创建→标准基本体→长方体）命令，在前视图中新创建一个长方体，位置如图 4-49 所示。

2．在工具栏中选择【移动】工具图标，然后在顶视图和左视图中进一步调整位置，如图 4-50 和图 4-51 所示。

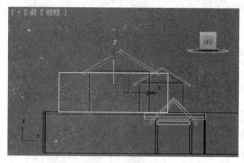

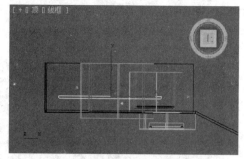

图4-49　创建长方体　　　　　　　　　　图4-50　调整长方体位置1

3. 选中新创建的长方体，在工具栏中选择【移动】工具，然后在按住 Shift 键的同时拖动物体，出现【Clone Options】（克隆选项）对话框，设置如图 4-52 所示。

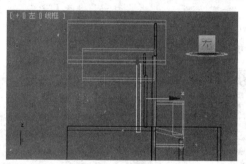

图4-51　调整长方体位置　　　　　　　　图4-52　设置【克隆选项】面板

4. 完成复制操作之后，在工具栏中选择【移动】工具图标，在顶视图中调整长方体位置，如图 4-53 所示。

5. 执行【Create→Standard Primitives→Box】（创建→标准基本体→长方体）命令，在左视图中新创建一个长方体，位置如图 4-54 所示。

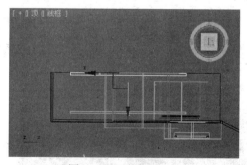

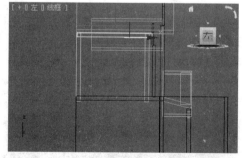

图4-53　调整位置　　　　　　　　　　　图4-54　创建长方体

6. 在工具栏中选择【旋转】工具图标，在左视图中对新创建的长方体进行旋转，如图 4-55 所示。

7. 在工具栏中选择【移动】工具图标，在左视图中对长方体进行位置调整。执行【Tools→Mirror】（工具→镜像）命令，在出现的【Mirror】（镜像：屏幕 坐标）面板中设置坐标轴为 Y 轴、【Clone Selection】（克隆当前选择）模式为【Instance】（实例），如图 4-56 所示，单击【OK】（确定）按钮，完成另一半尖顶的复制。

8. 在工具栏中选择【移动】工具图标，再在左视图中对长方体进行位置调整，结果如图 4-57 所示。

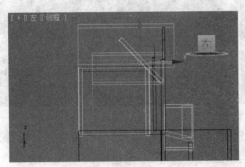

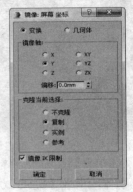

图4-55　旋转长方体　　　　　　　　　　　　　图4-56　设置【镜像：屏幕 坐标】

9. 执行【Create→Standard Primitives→Box】（创建→标准基本体→长方体）命令，在左视图中新创建一个长方体，位置如图 4-58 所示。

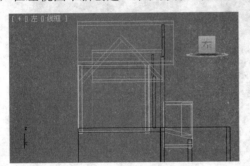

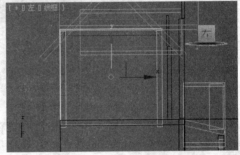

图4-57　调整长方体位置　　　　　　　　　　　　图4-58　创建长方体

10. 在工具栏中选择【移动】工具图标 ，在前视图中对长方体进行位置调整，如图 4-59 所示。

11. 选中新创建的长方体，在工具栏中选择【移动】工具，然后在按住 Shift 键的同时拖动物体，在出现的【Clone Options】（克隆选项）对话框中设置【Object】（对象）模式为【Copy】（复制）。完成复制后的效果如图 4-60 所示。

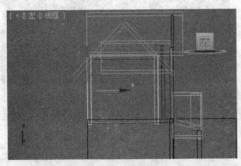

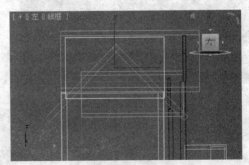

图4-59　调整位置　　　　　　　　　　　　　　　图4-60　复制长方体

12. 执行【Modifiers→Mesh Editing→Edit Mesh】（修改器→网格编辑→编辑网格）命令，或者单击【Modify】（修改） 选项卡的下拉菜单，从中选择【Edit Mesh】（编辑网格）修改器，然后单击【Edit Mesh】（编辑网格）前面的加号（+），在子菜单中选择【Vertex】（顶点），在工具栏中选择【移动】工具图标 ，然后在【Left】（左） 视图中选择节点进行位置调整，结果如图 4-61 所示。

13．执行【Create→Standard Primitives→Box】（创建→标准基本体→长方体）命令，在顶视图中新创建一个长方体，位置如图 4-62 所示。

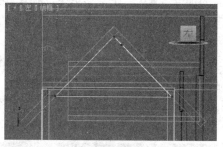
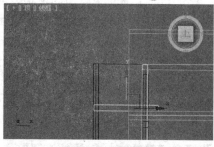

图4-61　调整节点位置　　　　　　　　　图4-62　创建长方体

14．在工具栏中选择【移动】工具图标 ，在前视图中对长方体进行位置调整。

15．执行【Create→Standard Primitives→Box】（创建→标准基本体→长方体）命令，在顶视图中新创建一个长方体，位置如图 4-63 所示。

16．选中新创建的长方体，在工具栏中选择【移动】工具，在按住 Shift 键的同时拖动物体，在出现的【Clone Options】（克隆选项）对话框中设置【Object】（对象）模式为【Copy】（复制），单击【OK】（确定）按钮完成复制，如图 4-64 所示。

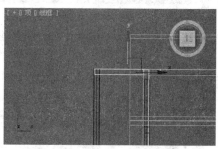
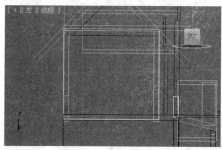

图4-63　创建长方体　　　　　　　　　图4-64　复制长方体

17．执行【Create→Standard Primitives→Box】（创建→标准基本体→长方体）命令，在顶视图中新创建一个长方体，位置如图 4-65 所示。

18．在工具栏中选择【移动】工具图标 ，在前视图中对长方体进行位置调整，如图 4-66 所示。

19．执行【Create→Standard Primitives→Box】（创建→标准基本体→长方体）命令，在前视图中新创建一个长方体。

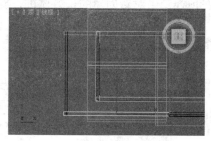
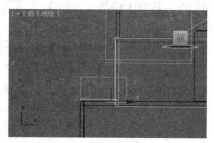

图4-65　创建长方体　　　　　　　　　图4-66　调整长方体

20．执行【Modifiers→Mesh Editing→Edit Mesh】（修改器→网格编辑→编辑网格）命令，或者单击【Modify】（修改器）选项卡的下拉菜单,从中选择【Edit Mesh】（编辑网格）修改器。

21．单击【Edit Mesh】（编辑网格）前面的加号（+），在子菜单中选择【Vertex】（顶点），在工具栏中选择【移动】工具图标，然后在前视图中选择节点进行位置调整，如图 4-67 所示。

22．选中新创建的长方体，在工具栏中选择【移动】工具，然后在按住 Shift 键的同时拖动物体，在出现的【Clone Options】（克隆选项）对话框，设置【Object】（对象）模式为【Copy】（复制），单击【OK】（确定）按钮完成复制。在左视图中对长方体的位置做进一步调整，结果如图 4-68 所示。

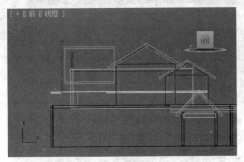
图4-67　调整节点

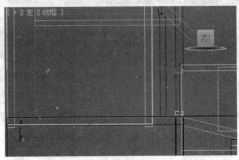
图4-68　复制长方体并调整位置

23．执行【Create→Standard Primitives→Box】（创建→标准基本体→长方体）命令，在前视图中新创建一个长方体。再复制一个长方体并调整位置，如图 4-69 所示。

24．执行【Create→Standard Primitives→Box】（创建→标准基本体→长方体）命令，在顶视图中创建一个长方体，如图 4-70 所示。

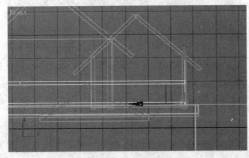
图4-69　创建并复制长方体

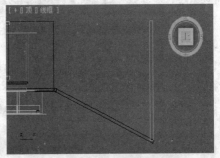
图4-70　创建长方体

25．在工具栏中选择【旋转】工具图标，在顶视图中对新创建的长方体进行旋转，如图 4-71 所示。

26．在工具栏中选择【移动】工具图标，在前视图中对长方体（墙面）的位置进行进一步的调整，如图 4-72 所示。

27．执行【Create→Standard Primitives→Box】（创建→标准基本体→长方体）命令，在顶视图中创建一个长方体,如图 4-73 所示。

28．在工具栏中选择【移动】工具图标和【旋转】工具图标，在顶视图中对长方体进行调整，如图 4-74 所示。

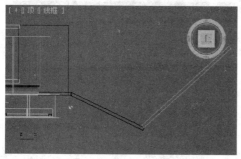

图4-71　旋转长方体

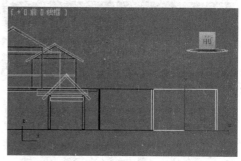

图4-72　调整长方体位置

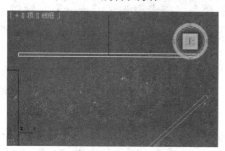

图4-73　创建长方体

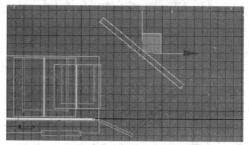

图4-74　调整长方体位置

29. 执行【Create→Standard Primitives→Box】（创建→标准基本体→长方体）命令，在顶视图中创建一个长方体。

30. 在工具栏中选择【旋转】工具图标 ○，在顶视图中对新创建的长方体进行旋转，如图 4-75 所示。

31. 在工具栏中选择【旋转】工具图标 ○，在前视图中对新创建的长方体进行旋转，如图 4-76 所示。

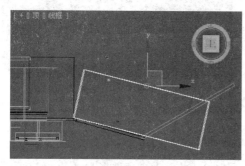

图4-75　在顶视图中旋转长方体

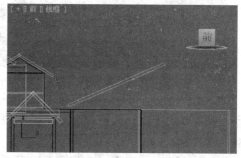

图4-76　在前视图中旋转长方体

32. 执行【Modifiers→Mesh Editing→Edit Mesh】（修改器→网格编辑→编辑网格）命令，或者单击【Modify】（修改） 选项卡的下拉菜单，从中选择【Edit Mesh】（编辑网格）修改器。

33. 单击【Edit Mesh】（编辑网格）前面的加号（+），在子菜单中选择【Vertex】（顶点），在工具栏中选择【移动】工具图标 ，然后在顶视图中选择节点进行位置调整，如图 4-77 所示。

34. 在工具栏中选择【移动】工具图标 ，在左视图中选择节点进行位置调整，如图 4-78 所示。

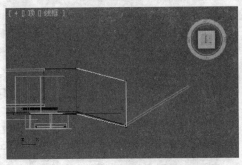

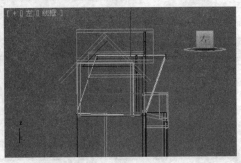

图4-77　在顶视图中调整节点位置　　　　　图4-78　在左视图中调整节点位置

35．执行【Tools→Mirror】（工具→镜像）命令，在出现的【Mirror】（镜像）面板中设置坐标轴为 Y 轴，【Clone Selection】（克隆当前选择）模式为【Copy】（复制），完成另一半尖顶的复制，结果如图 4-79 所示。

36．执行【Modifiers→Mesh Editing→Edit Mesh】（修改器→网格编辑→编辑网格）命令，或者单击【Modify】（修改）选项卡的下拉菜单，从中选择【Edit Mesh】（编辑网格）修改器。

37．单击【Edit Mesh】（编辑网格）前面的加号（+），在子菜单中选择【Vertex】（顶点），在工具栏中选择【移动】工具图标，在顶视图中选择节点进行位置调整。

38．执行【Create→Standard Primitives→Box】（创建→标准基本体→长方体）命令，在前视图中创建一个长方体，如图 4-80 所示。

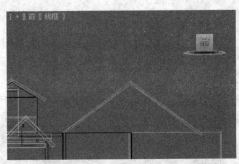

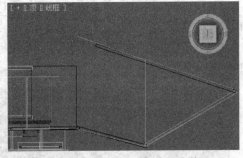

图4-79　镜像复制尖顶　　　　　　　　　图4-80　创建长方体

39．执行【Modifiers→Mesh Editing→Edit Mesh】（修改器→网格编辑→编辑网格）命令，或者单击【Modify】（修改）选项卡的下拉菜单，从中选择【Edit Mesh】（编辑网格）修改器。

40．单击【Edit Mesh】（编辑网格）前面的加号（+），在子菜单中选择【Vertex】（顶点），在工具栏中选择【移动】工具图标，在前视图中选择节点进行位置调整，如图 4-81 所示。

41．执行【Create→Standard Primitives→Box】（创建→标准基本体→长方体）命令，在前视图中创建一个长方体，如图 4-82 所示。

42．采用同样的方法，执行【Modifiers→Mesh Editing→Edit Mesh】（修改器→网格编辑→编辑网格）命令，对长方体进行调整。

4.1.4　制作尖顶

1．执行【Create→Standard Primitives→Box】（创建→标准基本体→长方体）命

令，在前视图中创建一个长方体，位置如图 4-83 所示。

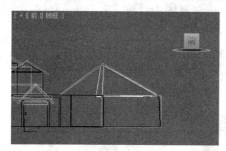

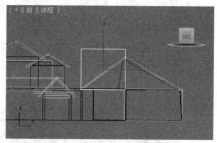

图4-81　调整节点位置　　　　　　　　　图4-82　创建长方体

2．在工具栏中选择【移动】工具图标 ，在顶视图中对方体的位置做进一步调整，如图 4-84 所示。

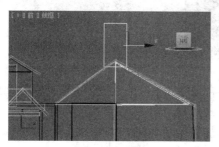

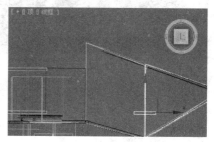

图4-83　创建长方体　　　　　　　　　　图4-84　调整位置

3．执行【Modifiers→Mesh Editing→Edit Mesh】（修改器→网格编辑→编辑网格）命令，或者单击【Modify】（修改）选项卡的下拉菜单，从中选择【Edit Mesh】（编辑网格），添加编辑网格修改器，如图 4-85 所示。

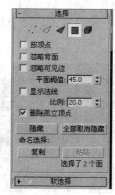

图4-85　添加编辑网格修改器　　　　　　　图4-86　设置【选择】面板

4. 在【Selection】（选择）命令面板中单击【多边形】图标，如图 4-86 所示。

5. 在工具栏中选择【移动】工具图标✛，在左视图中选择【Polygon】（多边形），被选中的多边形呈现红色，如图 4-87 所示。

6. 在【Edit Geometry】（编辑几何体）命令面板中选择 【Extrude】（挤出），设置其数值为 50，如图 4-88 所示。

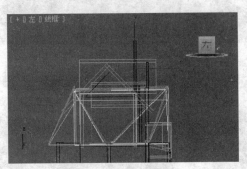

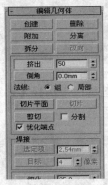

图4-87 选择多边形 图4-88 设置挤出数值

7. 在工具栏中选择【移动】工具图标✛，在顶视图中对节点进行调整，位置如图 4-89 所示。

8. 单击【Edit Mesh】（编辑网格）前面的加号（+），在子菜单中重新选择【Polygon】（多边形），如图 4-90 所示。

9. 在【Edit Geometry】（编辑几何体）命令面板中选择【Extrude】（挤出），设置其数值为 20，如图 4-91 所示。

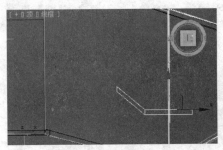

图4-89 调整节点位置 图4-90 选择多边形 图4-91 设置挤出数值

10. 在工具栏中选择【移动】工具图标✛，在顶视图中对节点进行调整，位置如图 4-92 所示。

11. 重复上述步骤，依次执行【Extrude】（挤出）命令并进行节点调整，结果如图 4-93 所示。

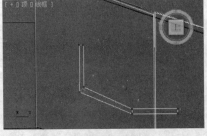

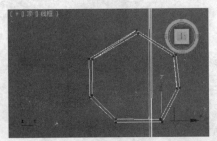

图4-92 调整节点位置 图4-93 重复调节节点位置

12. 在左视图中对节点进行调整，结果如图 4-94 所示。

13. 选中方体，在工具栏中选择【移动】工具，然后在按住 Shift 键的同时向上拖动物体，在出现的【Clone Options】（克隆选项）对话框，设置【Object】（对象）模式为【Copy】（复制），单击【OK】（确定）按钮完成复制，如图 4-95 所示。

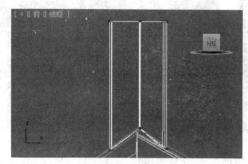

图4-94　调整节点位置　　　　　　　图4-95　设置【克隆选项】面板

14. 单击【Edit Mesh】（编辑网格）前面的加号（+），在子菜单中选择【Vertexe】（顶点），在工具栏中选择【移动】工具图标，在前视图中对节点进行调整，如图 4-96 所示。

15. 在工具栏中选择【缩放】工具，将复制的长方体上面的点框选，然后进行缩放，结果如图 4-97 所示。

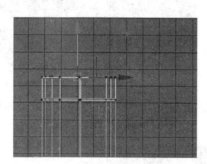

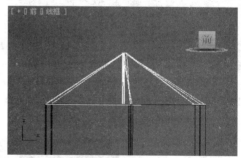

图4-96　调整节点位置　　　　　　　图4-97　缩放节点

16. 在工具栏中选择【移动】工具，然后在前视图和顶视图中对节点进行细节调整，结果如图 4-98、图 4-99 所示。

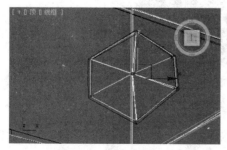

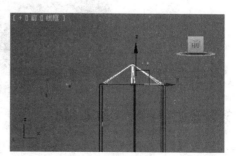

图4-98　调整节点位置1　　　　　　　图4-99　调整节点位置2

17. 在工具栏中选择【移动】工具，然后在按住 Shift 键的同时向上拖动物体，在出现的【Clone Options】（克隆选项）对话框中设置【Object】（对象）模式为【Copy】（复制），单击【OK】（确定）按钮完成复制，结果如图 4-100 所示。

18. 单击【Edit Mesh】（编辑网格）前面的加号（+），在子菜单中选择【Vertex】（顶点），在工具栏中选择【移动】工具 ，在前视图中对节点进行调整，再在工具栏中选择缩放工具，将所有的节点框选并进行缩放，如图 4-101 所示。

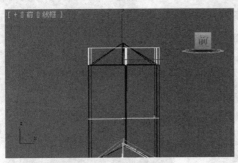

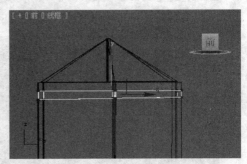

图4-100　复制物体　　　　　　　　　图4-101　调整节点位置

19. 在工具栏中选择【移动】工具，在顶视图中对节点进行细节调整，如图 4-102 所示。

20. 再复制一个长方体，调整位置如图 4-103 所示。

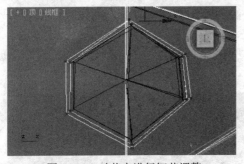

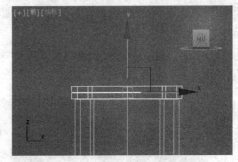

图4-102　对节点进行细节调整　　　　　图4-103　复制创建物体

21. 采用同样的方法，在工具栏中选择【缩放】工具，对节点进行缩放，结果如图 4-104 所示。

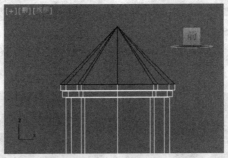

图4-104　缩放调整节点

4.1.5 创建二层后面墙体及房檐

1. 执行【Create→Standard Primitives→Box】（创建→标准基本体→长方体）命令，在顶视图中创建一个长方体，作为后面墙的立面，如图 4-105 所示。

2. 在工具栏中选择【移动】工具图标 ，进入左视图，对墙面的位置进行调整，如图 4-106 所示。

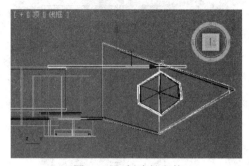 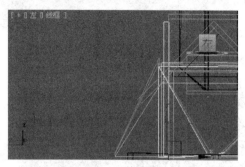

<table>
<tr><td>图4-105　创建长方体</td><td>图4-106　调整墙面位置</td></tr>
</table>

3. 选中新创建的方体，在工具栏中选择【移动】工具，然后在按住 Shift 键的同时拖动物体，在出现的【Clone Options】（克隆选项）对话框中设置【Number of Copies】（副本数）为 1，单击【OK】（确定）按钮完成操作，如图 4-107 所示。

图4-107　设置【克隆选项】面板

4. 执行【Create→Standard Primitives→Box】（创建→标准基本体→长方体）命令，在左视图中创建一个长方体，作为地面，如图 4-108 所示。

5. 选中新创建的长地面，在工具栏中选择【移动】工具，然后在按住 Shift 键的同时拖动物体，在出现的【Clone Options】（克隆选项）对话框中设置【Number of Copies】（副本数）为 1，单击【OK】（确定）按钮完成操作。

6. 完成复制之后，选择【旋转】工具图标○，对新复制的长方体进行旋转，如图 4-109 所示。

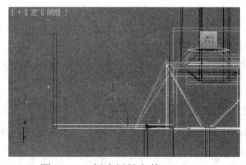 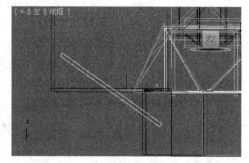

<table>
<tr><td>图4-108　创建新长方体</td><td>图4-109　旋转新复制的长方体</td></tr>
</table>

7. 在工具栏中选择【移动】工具，在左视图中调整长方体，位置如图 4-110 所示。

8. 选择调整过的长方体，在工具栏中选择【Mirror】（镜像）图标，在【Mirror】（镜像：世界 坐标）面板中设置坐标轴为 Y 轴、【Clone Selection】（克隆当前选择）模式为【Copy】（复制），如图 4-111 所示。然后单击【OK】（确定）按钮完成操作。

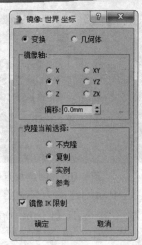

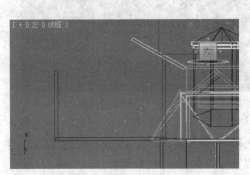

图4-110　调整长方体位置　　　　　　　　　　图4-111　设置【镜像：世界 坐标】面板

9. 在工具栏中选择【移动】工具，在左视图中进行调整，位置如图 4-112 所示。

10. 执行【Create→Standard Primitives→Box】（创建→标准基本体→长方体）命令，然后再在左视图中创建一个长方体，作为另外一个墙面，如图 4-113 所示。

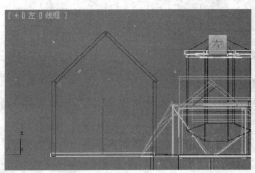
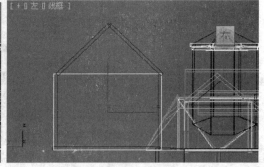

图4-112　调整长方体位置　　　　　　　　　　图4-113　创建长方体

11. 执行【Modifiers→Mesh Editing→Edit Mesh】（修改器→网格编辑→编辑网格）命令，或者单击【Modify】（修改）选项卡的下拉菜单，从中选择【Edit Mesh】（编辑网格），添加编辑网格修改器，如图 4-114 所示。

12. 单击【Edit Mesh】（编辑网格）前面的加号（+），在子菜单中选择【Vertex】（顶点）或者在【Selection】（选择）面板中单击点的图标，如图 4-115 所示。

13. 在工具栏中选择【移动】工具，然后分别在左视图和顶视图中对节点进行调整，结果如图 4-116 和图 4-117 所示。

14. 选中新创建的长方体，在工具栏中选择【移动】工具，在按住 Shift 键的同时拖动物体，在出现的【Clone Options】（克隆选项）对话框，设置【Number of Copies】（副本数）为 1，单击【OK】（确定）按钮完成操作，如图 4-118 所示。

15. 在工具栏中选择【移动】工具，然后在顶视图中对长方体进行调整，位置如图 4-119 所示。

16. 执行【Create→Standard Primitives→Box】（创建→标准基本体→长方体）命令，然后在顶视图中创建一个长方体，作为一个墙面，如图 4-120 所示。

拉伸
按元素分配材质
按通道选择
挤压
推力
摄影机贴图
晶格
曲面变形
替换
材质
松弛
柔体
法线
波浪
涟漪
涡轮平滑
点缓存
焊接
球形化
粒子面创建器
细分
细化
编辑多边形
编辑法线
编辑网格
编辑面片
网格平滑
网格选择
置换
置换近似
蒙皮
蒙皮包裹
蒙皮包裹面片
蒙皮变形
融化
补洞
贴图缩放器
路径变形
转化为 gPoly
转化为多边形
转化为网格
转化为面片
链接变换
锥化
镜像
面挤出
面片变形
面片选择
顶点焊接
顶点绘制

图4-114 添加编辑网格修改器

图4-115 选择节点

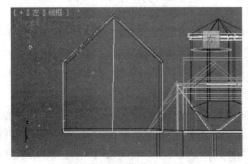

图4-116 调整节点位置

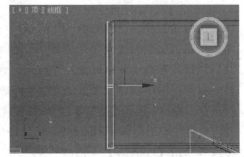

图4-117 调整节点位置

图4-118　设置【克隆选项】面板

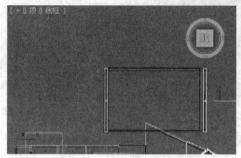

图4-119　调整长方体位置

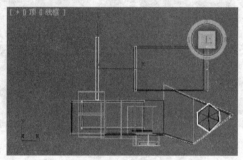

图4-120　创建长方体（墙面）

17．在工具栏中选择【移动】工具，然后在左视图中进行调整，位置如图 4-121 所示。

18．选中新创建的长方体，在工具栏中选择【移动】工具，在按住 Shift 键的同时拖动物体，在出现的【Clone Options】（克隆选项）对话框，设置【Object】（对象）模式为【Instance】（实例），设置【Number of Copies】（副本数）为 1，单击【OK】（确定）按钮完成操作，如图 4-122 所示。

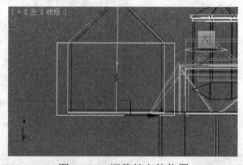

图4-121　调整长方体位置

图4-122　设置【克隆选项】面板

19．执行【Create→Standard Primitives→Box】（创建→标准基本体→长方体）命令，然后在左视图中创建一个长方体，作为地面，如图 4-123 所示。

20．执行【Create→Standard Primitives→Box】（创建→标准基本体→长方体）命令，然后在前视图中创建一个长方体，用它制作屋顶，如图 4-124 所示。

21．在工具栏中选择【旋转】工具，在左视图中对长方体进行调整，位置如图 4-125 所示。

22．执行【Modifiers→Mesh Editing→Edit Mesh】（修改器→网格编辑→编辑网格）命令，或者单击【Modify】（修改）选项卡的下拉菜单，从中选择【Edit Mesh】（编辑网格），添加编辑网格修改器，如图 4-126 所示。

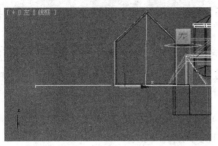

图4-123　创建长方体（地面）

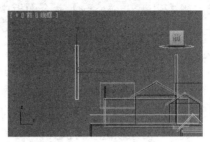

图4-124　创建长方体（屋顶）

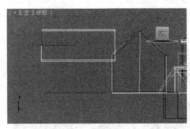

图4-125　旋转长方体

23．单击【Edit Mesh】（编辑网格）前面的加号（+），在子菜单中选择【Polygon】（多边形)或者在【Selection】（选择）面板中单击多边形的图标，如图 4-127 所示。

24．在工具栏中选择【移动】工具，在顶视图中选择多边形，被选中的多边形呈现红色，如图 4-128 所示。

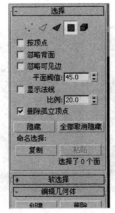

图4-126　添加编辑网格修改器　　图4-127　设置【选择】面板　　　图4-128　选择多边形

25. 在【Edit Geometry】命令面板中选择【Extrude】（挤出），对屋顶进行拉伸，如图 4-129 所示。

26. 完成拉伸操作后，在工具栏中选择【移动】工具，同时单击【Edit Mesh】（编辑网格）前面的加号（+），在子菜单中选择【Vertex】（顶点），然后在前视图中进行调整，如图 4-130 所示。

27. 在【Edit Geometry】（编辑几何体）命令面板中选择【Extrude】（挤出），同时调整其数值，对屋顶进行再次拉伸，如图 4-131 所示。

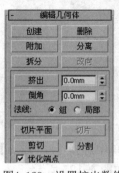
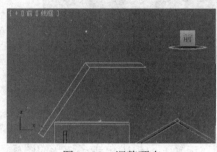

图4-129　设置挤出数值　　　　图4-130　调整顶点　　　　图4-131　重新设置挤出数值

28. 完成拉伸操作后，在工具栏中选择【移动】工具，同时单击【Edit Mesh】（编辑网格）前面的加号（+），在子菜单中选择【Vertex】（顶点），在前视图中进行调整，如图 4-132 所示。

29. 执行【Create→Standard Primitives→Box】（创建→标准基本体→长方体）命令，在前视图中创建一个长方体，如图 4-133 所示。

30. 在工具栏中选择【移动】工具，在顶视图中对长方体进行调整，位置如图 4-134 所示。

31. 执行【Modifiers→Mesh Editing→Edit Mesh】（修改器→网格编辑→编辑网格）命令，或者单击【Modify】（修改）选项卡的下拉菜单，从中选择【Edit Mesh】（编辑网格）修改器，如图 4-135 所示。

32. 单击【Edit Mesh】（编辑网格）前面的加号（+），在子菜单中选择【Vertex】（顶点），或者在【Selection】（选择）面板中单击点的图标，同时选择【移动】工具对节点进行调整。

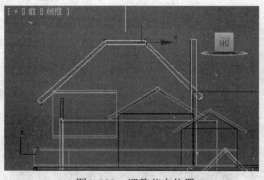
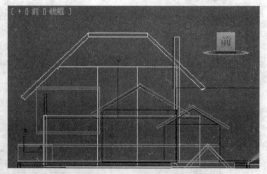

图4-132　调整节点位置　　　　图4-133　创建长方体

33. 选中调整过的物体，在工具栏中选择【移动】工具，在按住 Shift 键的同时拖动物体，在出现的【Clone Options】（克隆选项）对话框中设置【Number of Copies】（副本数）为 1，完成复制操作。

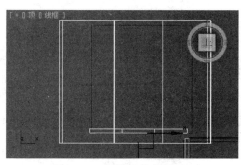

图4-134　调整方体位置　　　　　　图4-135　添加编辑网格修改器

4.1.6 创建烟囱

1．执行【Create→Standard Primitives→Box】（创建→标准基本体→长方体）命令，在前视图中创建一个长方体，如图 4-136 所示。

2．执行【Modifiers→Mesh Editing→Edit Mesh】命令，或者单击【Modify】（修改）选项卡的下拉菜单，从中选择【Edit Mesh】（编辑网格），添加网格编辑修改器，如图 4-137 所示。

3．单击【Edit Mesh】（编辑网格）前面的加号（+），在子菜单中选择【Vertex】（顶点）或者在【Selection】（选择）面板中单击点的图标，如图 4-138 所示。同时选择【移动】工具，对节点进行位置的调整。

4．在工具栏中选择【移动】工具，在前视图中对节点进行调整，结果如图 4-139 所示。

5．同样，在顶视图中对节点进行调整，如图 4-140 所示。

6．在前视图中选择最前面的屋顶，如图 4-141 所示。

185

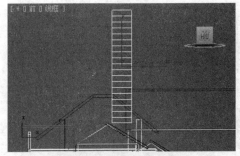

图4-136 创建长方体　　　图4-137 添加编辑网格修改器　　　图4-138 选择节点

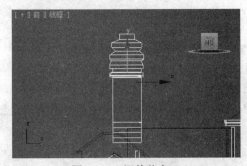

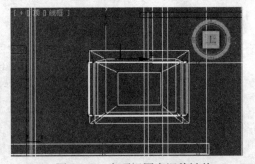

图4-139 调整节点　　　　　　　　　图4-140 在顶视图中调整键单

7. 在工具栏中选择【移动】工具，然后在按住 Shift 键的同时拖动物体，在出现的【Clone Options】（克隆选项）对话框中设置【Object】（对象）模式为【Copy】（复制），设置【Number of Copies】（副本数）为1，单击【OK】（确定）按钮完成操作，如图 4-142 所示。

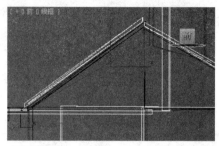

图4-141　选择最前面的屋顶　　　　　　图4-142　设置【克隆选项】面板

8．在前视图中对新复制的长方体进行位置调整，如图 4-143 所示。

9．选择调整过的方体，在工具栏中选择【Mirror】（镜像）图标，在【Mirror】（镜像）面板中设置坐标轴为 X 轴、【Clone Selection】（克隆当前选择）模式为【Copy】（复制），然后单击【OK】（确定）按钮完成操作，调整位置如图 4-144 所示。

10．在前视图中选择小屋顶，进行复制调整，结果如图 4-145 所示。

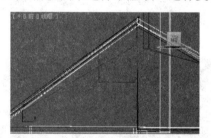

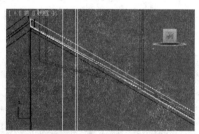

图4-143　调整新复制的长方体的位置　　　　　　图4-144　镜像复制长方体

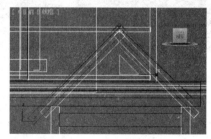

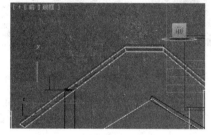

图4-145　复制调整小屋顶　　　　　　图4-146　复制调整平顶的屋顶

11．在前视图中选择平顶的屋顶，进行复制调整，结果如图 4-146 所示。

12．在前视图中选择平顶屋顶前面的屋顶，进行复制调整，结果如图 4-147 所示。

13．在左视图中选择屋顶，进行复制调整，结果如图 4-148 所示。

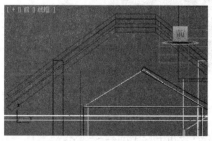

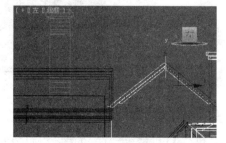

图4-147　复制调整平顶屋顶前面的屋顶　　　　　　图4-148　复制调整屋顶

14．在左视图中选择最后面的屋顶，进行复制调整，结果如图 4-149 所示。

15. 执行【Create→Cameras→Target Camera】（创建→摄像机→目标摄像机）命令，设置【参数】面板如图 4-150 所示。

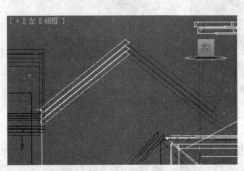

图4-149 复制调整最后的屋顶 　　　　　图4-150 设置【参数】面板

16. 在顶视图中单击拖动，创建摄像机，如图 4-151 所示。

17. 在前视图中调整摄像机，如图 4-152 所示。

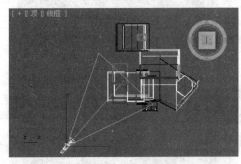

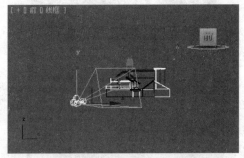

图4-151 创建摄像机 　　　　　图4-152 在前视图中调整摄像机

18. 在左视图中调整摄像机，如图 4-153 所示。

19. 在单个视图的左上角单击鼠标右键，在出现的下拉菜单中单击【Views】（视点），在其子菜单中选择【Camera】（摄像机）命令并单击，此时视图的模式转化为摄像机视图。

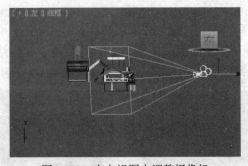

图4-153 在左视图中调整摄像机

4.1.7 二层窗户的创建

1. 执行【Create→Standard Primitives→Cylinder】（创建→标准基本体→圆柱体）命令，在前视图中创建一个圆柱体，调整位置如图 4-154 所示。

2．首先选择墙面，执行【Create→Compound→Boolean】（创建→复合对象→布尔）命令，或者单击界面右侧【Create】（创建）命令面板中的【Geometry】（几何体），从其下拉列表中选择【Compounds Objects】（复合对象），在【Object Type】（对象类型）命令面板中单击【Boolean】（布尔）按钮，如图4-155所示；在【Pick Boolean】（拾取布尔）面板中单击【Pick Operand】（拾取操作对象B）。最后移动鼠标到圆柱体上单击，完成操作。

3．执行【Create→Shapes→Rectangle】（创建→图形→矩形）命令，或者在界面右侧【Create】（创建）命令面板中选择【Rectangle】（矩形），如图4-156所示。

图4-154　创建圆柱体　　　　　　　图4-155　单击【布尔】按钮　　　图4-156　选择【矩形】

4．在前视图中单击拖动创建一个矩形，调整位置如图4-157所示。

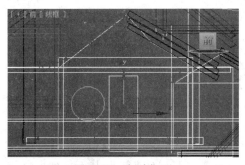

图4-157　创建矩形

5．执行【Modifiers→Patch/Spline Editing→Edit Spline】（修改器→面片/样条线编辑→编辑样条线）命令，添加【Edit Spline】（编辑样条线）修改器，如图4-158所示。

6．单击【Edit Spline】（编辑样条线）前面的加号（+），在子菜单中选择【Vertex】（顶点），如图4-159所示。

7. 在【Geometry】（几何体）控制面板中选择【Refine】（优化）按钮单击，如图 4-160 所示。

图4-158　添加编辑样条线修改器　　　　图4-159　选择【顶点】　　　　图4-160　选择【优化】

8. 在前视图中单击添加节点，选择【移动】工具进行调整和圆滑处理，结果如图 4-161 所示。

9. 在工具栏中选择【移动】工具，然后在按住 Shift 键的同时拖动物体，在出现的【Clone Options】（克隆选项）对话框中设置【Object】（对象）模式为【Copy】（复制），设置【Number of Copies】（副本数）为 1，单击【OK】（确定）按钮复制一个新的线框，如图 4-162 所示。

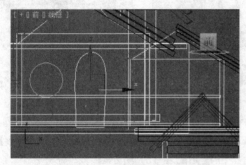

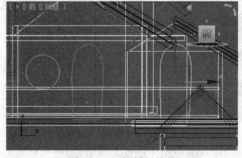

图4-161　添加节点　　　　　　　　　图4-162　复制新线框

10. 执行【Modifiers→Mesh Editing→ Ext ude】（修改器→网格编辑→挤出）命令，添加【Extrude】（挤出）修改器，如图 4-163 所示。

11. 在【Parameters】（参数）命令面板中，设置【Amount】（数量）数值为 76.0mm，如图 4-164 所示。

12. 选择墙面，执行【Create→Compound→Boolean】（创建→复合对象→布尔）命令，或者单击界面右侧【Create】（创建）命令面板中的【Geometry】（几何体），从其下拉列表中选择【Compounds Objects】（复合对象），在【Object Type】（对象类型）命令面板中单击【Boolean】（布尔）按钮，然后在【Pick Boolean】（拾取布尔）面板中单击【Pick Operand】（拾取操作对象），最后移动光标到经过拉伸的物体上单击，

图4-163　添加挤出修改器

完成操作。

13．执行【Create→Shapes→Circle】命令，或者在界面右侧【Create】（创建）命令面板中选择【Circle】（圆），如图 4-165 所示。

14．在前视图中创建一个圆环，选择【移动】工具，调整其位置如图 4-166 所示。

15．执行【Modifiers→Patch/Spline Editing→Edit Spline】（修改→面片/样条线编辑→编辑样条线）命令，添加【Edit Spline】（编辑样条线）修改器，如图 4-167 所示。

16．单击【Edit Spline】（编辑样条线）前面的加号（+），在子菜单中选择【Spline】（样条线），如图 4-168 所示。

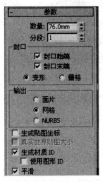

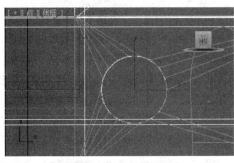

图4-164　设置【参数】面板　　图4-165　选择【圆】　　　　　　　图4-166　创建圆环

17．在右侧命令面板中选择【Outline】（轮廓）单击，设置数值为 100，如图 4-169 所示。

18．执行【Modifiers→Mesh Editing→Ext ude】（修改器→网格编辑→挤出）命令，添加【Extrude】（挤出）修改器，如图 4-170 所示。

图4-167　添加编辑样条线修改器　图4-168　选择　　图4-169　设置【轮廓】数值　图4-170　添加挤出
　　　　　　　　　　　　　　　　　　【样条线】　　　　　　　　　　　　　　　　　　　修改器

19．在【Parameters】（参数）命令面板中，设置【Amount】（数量）数值为 300.0mm，如图 4-171 所示。

20．在工具栏中选择缩放工具，然后在按住 Shift 键的同时缩放物体，在出现的【Clone Options】（克隆选项）对话框中设置【Object】（对象）模式为【Copy】（复制），设置【Number of Copies】（副本数）为 1，如图 4-172 所示，单击【OK】（确定）按钮完成复制。

21. 在工具栏中选择【移动】工具，在前视图中对复制的物体进行位置调整，如图 4-173 所示。

图4-171　设置【参数】命令面板　　　　图4-172　设置【克隆选项】面板

22. 在工具栏中选择【移动】工具，在左视图中对复制的物体进行位置调整，如图 4-174 所示。

23. 采用同样的方法，在工具栏中选择缩放工具，在按住 Shift 键的同时缩放物体，在出现的【Clone Options】（克隆选项）对话框中设置【Object】（对象）模式为【Copy】（复制），设置【Number of Copies】（副本数）为 1，单击【OK】（确定）按钮完成复制，在前视图中调整位置如图 4-175 所示。

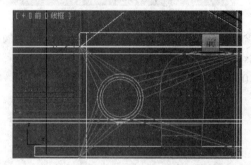

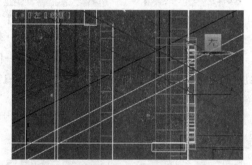

图4-173　调整位置　　　　　　　　　　图4-174　调整位置

24. 在工具栏中选择【移动】工具，在左视图中对新复制的物体进行位置调整，如图 4-176 所示。

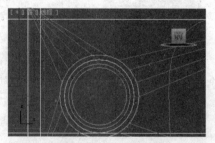

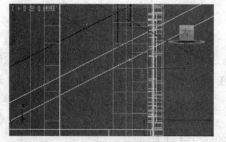

图4-175　复制新物体　　　　　　　　　图4-176　调整位置

25. 重新选择复制的线框，在右侧命令面板中选择【Outline】（轮廓）单击，设置数值为 20，如图 4-177 所示。

26. 执行【Modifiers→Mesh Editing→Ext ude】（修改器→网格编辑→挤出）命令，添加【Extrude】（挤出）修改器，如图 4-178 所示。

27. 在【Parameters】（参数）命令面板中，设置【Amount】（数量）数值为 300.0 mm，如图 4-179 所示。

28. 在工具栏中选择【移动】工具，在左视图中对新物体进行位置调整，如图 4-180 所示。

29. 在工具栏中选择【缩放】工具，在按住 Shift 键的同时缩放刚刚拉伸的物体，在出现的【Clone Options】（克隆选项）对话框中设置【Object】（对象）模式为【Copy】（复制），设置【Number of Copies】（副本数）为1，单击【OK】（确定）按钮完成复制，如图 4-181 所示。

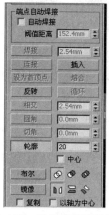

图4-177　设置【轮廓】数值

图4-178　添加挤出修改器

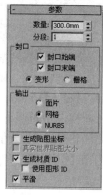

图4-179　设置【参数】面板

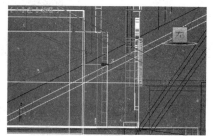

图4-180　调整新物体位置

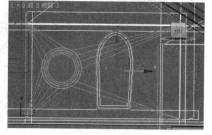

图4-181　复制新物体

30. 单击【Edit Spline】（编辑样条线）前面的加号（+），在子菜单中选择【Vertex】（顶点），然后在工具栏中选择【移动】工具，对节点进行调整，结果如图 4-182 所示。

31. 在工具栏中选择【缩放】工具，然后在按住 Shift 键的同时缩放物体，在出现的【Clone Options】（克隆选项）对话框中设置【Object】（对象）模式为【Copy】（复制），设置【Number of Copies】（副本数）为1，单击【OK】（确定）按钮完成复制，在前视图中调整位置如图 4-183 所示。

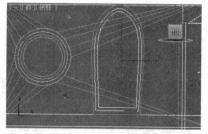

图4-182　调整节点

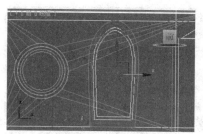

图4-183　调整新物体的位置

32. 在工具栏中选择【移动】工具，在顶视图中对新物体进行位置调整，如图 4-184 所示。

33. 执行【Create→Standard Primitives→Box】（创建→标准基本体→长方体）命令，在前视图中创建一个长方体，如图 4-185 所示。

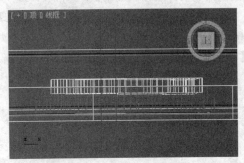

图4-184　调整新物体位置　　　　　　　　图4-185　创建长方体

34. 执行【Create→Standard Primitives→Box】（创建→标准基本体→长方体）命令，在前视图中再竖着创建一个长方体（窗户），位置如图 4-186 所示。

35. 将这个窗户的所有组成部分选中，单击菜单中的【Group】（组），从其下拉菜单中选择【Group】（组）并单击，在【Group】（组）面板中将其命名为"组 003"，如图 4-187 所示。

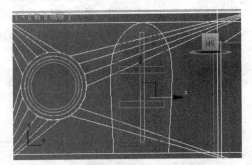
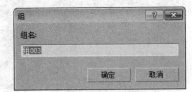

图4-186　再创建一个长方体　　　　　　　图4-187　命名【组名】

36. 在工具栏中选择【移动】工具，然后在按住 Shift 键的同时拖动物体，在出现的【Clone Options】（克隆选项）对话框中设置【Object】（对象）模式为【Copy】（复制），设置【Number of Copies】（副本数）为 1。单击【OK】（确定）按钮完成复制。在前视图中调整位置如图 4-188 所示。

37. 在工具栏中选择【缩放】工具，在前视图中对窗户做进一步的调整，结果如图 4-189 所示。

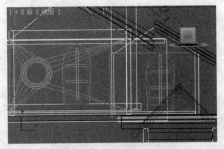
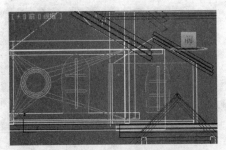

图4-188　复制新物体　　　　　　　　　　图4-189　缩放调整窗户

38. 执行【Create→Standard Primitives→Box】（创建→标准基本体→长方体）命令，在顶视图中创建一个长方体，位置如图4-190所示。

39. 在工具栏中选择【旋转】工具，然后在按住Shift键的同时旋转物体，在出现的【Clone Options】（克隆选项）对话框中设置【Object】（对象）模式为【Copy】（复制），设置【Number of Copies】（副本数）为1，单击【OK】（确定）按钮完成复制，如图4-191所示。

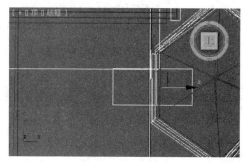

图4-190 创建长方体　　　　　图4-191 旋转复制物体

40. 在工具栏中选择【移动】工具，在顶视图中调整长方体的位置，如图4-192所示。

41. 在工具栏中选择【旋转】工具，在按住Shift键的同时旋转物体，在出现的【Clone Options】（克隆选项）对话框中设置【Object】（对象）模式为【Copy】（复制），设置【Number of Copies】（副本数）为1，单击【OK】（确定）按钮完成复制，同时选择【移动】工具进行位置调整，如图4-193所示。

42. 多次复制与调整长方体后选择墙体，执行【Create→Compound→Boolean】（创建→复合对象→布尔）命令，然后在【Pick Boolean】（拾取布尔）面板中单击【Pick Operand】（拾取操作对象），移动光标到刚创建的长方体上单击完成操作。同样的操作再进行几次，完成小窗户的制作。

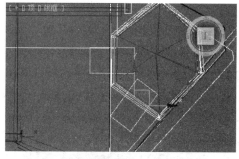

图4-192 调整长方体的位置　　　　　图4-193 复制长方体

43. 执行【Create→Standard Primitives→Box】（创建→标准基本体→长方体）命令，然后在前视图中创建一个长方体，位置如图4-194所示。

44. 选择后面的墙体，执行【Create→Compound→Boolean】（创建→复合对象→布尔）命令，然后在【Pick Boolean】（拾取布尔）面板中单击【Pick Operand】（拾取操作对象），移动光标到长方体上单击，完成操作。

45. 执行【Create→Shapes→Rectangle】（创建→图形→矩形）命令，或者在界面右侧【Create】（创建）命令面板中选择【Rectangle】（矩形），结果如图4-195所示。

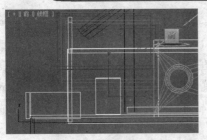

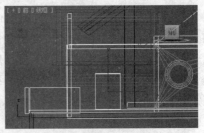

图4-194 创建长方体　　　　　　　　　图4-195 创建矩形

46. 执行【Modifiers→Patch/Spline Editing→Edit Spline】（修改→面片/样条线编辑→编辑样条线）命令，添加【Edit Spline】（编辑样条线）修改器，如图 4-196 所示。

47. 单击【Edit Spline】（编辑样条线）前面的加号（+），在子菜单中选择【Spline】（样条线），如图 4-197 所示。

图4-196 添加编辑样条线修改器　　　　　　图4-197 选择【样条线】

48. 在右侧命令面板中选择【Outline】（轮廓）并单击，设置数值为 50mm，如图 4-198 所示。

49. 执行【Modifiers→Mesh Editing→Extude】（修改器→网格编辑→挤出）命令，添加【Extrude】（挤出）修改器，如图 4-199 所示。

图4-198 设置【轮廓】参数　　　　　　图4-199 添加挤出修改器

50.在工具栏中选择【移动】工具，在左视图中调整长方体的位置，如图 4-200 所示。

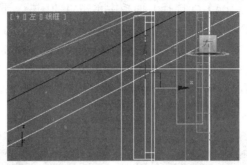

图4-200　调整长方体的位置

51．执行【Create→Standard Primitives→Box】（创建→标准基本体→长方体）命令，在前视图中创建三个长方体，调整位置如图 4-201 所示。

52．在工具栏中选择【移动】工具，在左视图中调整位置，如图 4-202 所示。

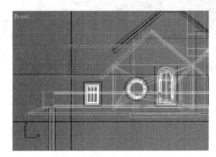

图4-201　创建长方体

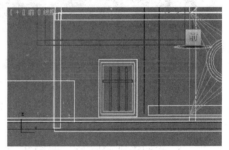

图4-202　调整长方体的位置

4.1.8　阳台和门的创建

1．执行【Create→Standard Primitives→Box】（创建→标准基本体→长方体）命令，在前视图中创建一个长方体，位置如图 4-203 所示。

2．执行【Modifiers→Mesh Editing→Edit Mesh】（修改器→网格编辑→编辑网格）命令，添加【Edit Mesh】（编辑网格）修改器，如图 4-204 所示。

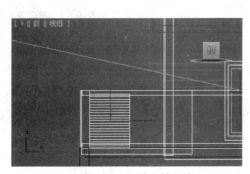

图4-203　创建长方体

图4-204　添加编辑网格修改器

3. 单击【Edit Mesh】（编辑网格）前面的加号（+），在子菜单中选择【Vertex】（顶点）或者在【Selection】（选择）面板中单击点的图标，选择【移动】工具对节点进行调整，结果如图 4-205 所示。

4. 在工具栏中选择【移动】工具，然后在按住 Shift 键的同时拖动物体，在出现的【Clone Options】（克隆选项）对话框中设置【Object】（对象）模式为【Instance】（实例），设置【Number of Copies】（副本数）为 3，单击【OK】（确定）按钮完成复制，调整位置如图 4-206 所示。

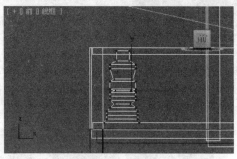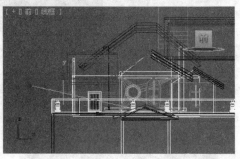

图4-205　调整节点　　　　　　　　　　图4-206　移动复制物体

5. 执行【Create→Shapes→Line】（创建→图形→线）命令，在前视图中创建一条封闭曲线，同时对接点进行调整和平滑处理，效果如图 4-207 所示。

6. 执行【Modifiers→Patch/Spline Editing→Lathe】（修改器→面片/样条线编辑→车削）命令，或者单击【Modify】（修改）⬚选项卡的下拉菜单，从中选择【Lathe】（车削），添加车削修改器，如图 4-208 所示。

7. 经过【Lathe】（车削）修改器的调整，封闭的曲线旋转成一个柱体，然后单击右侧【Parameters】（参数）命令面板【Align】（对齐）选项中的【Min】（最小），如图 4-209 所示。

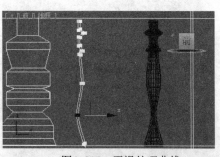

图4-207　平滑处理曲线　　　　图4-208　添加车削修改器　　图4-209　设置【参数】面板

8. 在工具栏中选择【移动】工具，然后在按住 Shift 键的同时拖动物体，在出现的【Clone Options】（克隆选项）对话框中设置【Object】（对象）模式为【Instance】（实例），根据图形设置数目，完成阳台装饰的绘制。

9. 执行【Create→Standard Primitives→Cylinder】（创建→标准基本体→圆柱体）

命令，在左视图中创建一个圆柱体，位置如图 4-210 所示。

10．在工具栏中选择【移动】工具，在按住 Shift 键的同时移动物体，新复制两个圆柱体，调整位置如图 4-211 所示。

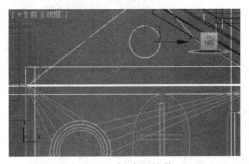 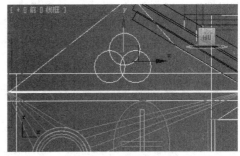

图4-210　创建圆柱体　　　　　　　　　　图4-211　复制圆柱体

11．首先选择阳台立面的长方体，执行【Create→Compound→Boolean】（创建→复合对象→布尔）命令，然后在【Pick Boolean】（拾取布尔）面板中单击【Pick Operand】（拾取操作对象），最后移动光标到刚创建的圆柱体上单击完成操作。同样的方法再进行一次，最终的效果如图 4-212 所示。

12．执行【Create→Standard Primitives→Box】（创建→标准基本体→长方体）命令，在左视图中创建一个长方体，如图 4-213 所示。然后选择【移动】工具，在按住 Shift 键的同时拖动物体，进行复制。

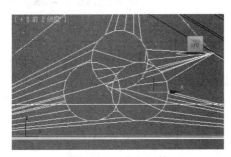 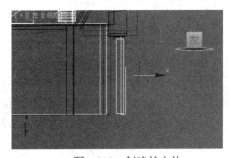

图4-212　布尔运算　　　　　　　　　　图4-213　创建长方体

13．执行【Create→Standard Primitives→Box】（创建→标准基本体→长方体）命令，在左视图中创建一个长方体，位置如图 4-214 所示。

14．在工具栏中选择【移动】工具，在左视图中进行调整，如图 4-215 所示。

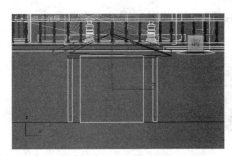 

图4-214　创建新长方体　　　　　　　　　　图4-215　调整长方体位置

15. 选择门所在的墙面，执行【Create→Compound→Boolean】（创建→复合对象→布尔）命令，然后在【Pick Boolean】（拾取布尔）面板中单击【Pick Operand】（拾取操作对象），最后移动光标到刚建立的长方体上单击，完成操作。执行【Create→Shapes→Rectangle】（创建→图形→矩形)命令，在前视图中创建一个矩形，如图 4-216 所示。

图4-216　创建矩形

16. 执行【Modifiers→Mesh Editing→ Ext ude】（修改器→网格编辑→挤出）命令，添加【Extrude】（挤出）修改器，如图 4-217 所示。

17. 在【Parameters】（参数）命令面板中，设置【Amount】（数量）数值为 20.0 mm，然后执行【Create→Shapes→Rectangle】（创建→图形→矩形)命令，在前视图中创建一个矩形，如图 4-218 所示。

18. 执行【Modifiers→Patch/Spline Editing→Edit Spline】（修改→面片/样条线编辑→编辑样条线）命令，或者单击【Modify】（修改） 选项卡的下拉菜单，从中选择【Edit Spline】（编辑样条线），添加编辑样条线修改器，如图 4-219 所示。

19. 在右侧命令面板中选择【Outline】（轮廓）并单击，设置数值，如图 4-220 所示。

20. 执行【Modifiers→Mesh Editing→Ext ude】（修改器→网格编辑→挤出）命令，添加【Extrude】（挤出）修改器，在【Parameters】（参数）命令面板中，设置【Amount】（数量）数值为 300.0 mm。选择【移动】工具，在按住 Shift 键的同时拖动物体，进行复制，如图 4-221 所示。

21. 执行【Create→Standard Primitives→Box】（创建→标准基本体→长方体）命令，在前视图中创建一个长方体，位置如图 4-222 所示。

22. 在工具栏中选择【移动】工具，在按住 Shift 键的同时拖动物体，在出现的【Clone Options】（克隆选项)对话框中设置【Object】（对象）模式为【Copy】（复制），设置【Number of Copies】（副本数）为 4，单击【OK】（确定）按钮完成复制，如图 4-223 所示。

图4-217　添加挤出修改器

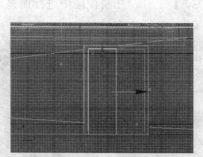

图4-218　创建一个矩形

图4-219　添加编辑样条线修改器

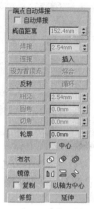

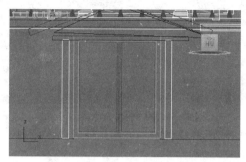

图4-220　设置【轮廓】参数　　　　　　　图4-221　复制物体

23．选择【移动】工具，在前视图中对长方体的位置进行调整，位置如图 4-224 所示。

24．选择【移动】工具，在左视图中对长方体的位置进行调整，位置如图 4-225 所示。

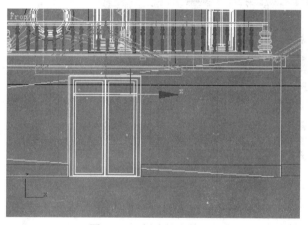

图4-222　创建长方体　　　　　　　　　图4-223　复制长方体

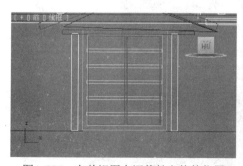

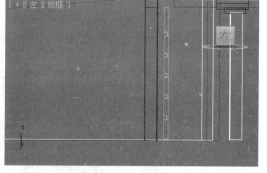

图4-224　在前视图中调整长方体的位置　　　图4-225　在左视图中调整长方体的位置

25．执行【Create→Standard Primitives→Box】（创建→标准基本体→长方体）命令，在前视图中创建一个长方体，位置如图 4-226 所示。

26．在工具栏中选择【移动】工具，在按住 Shift 键的同时拖动物体，在出现的【Clone Options】（克隆选项）对话框，设置【Object】（对象）模式为【Copy】（复制），设置【Number of Copies】（副本数）为1，单击【OK】（确定）按钮完成复制，如图 4-227 所示。

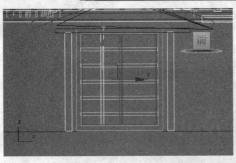

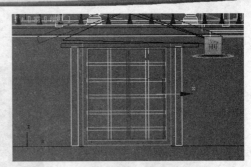

图4-226　创建一个长方体　　　　　　　图4-227　　复制长方体

27．将门的所有部件选中，单击【移动】工具，在前视图中做最后的调整，结果如图4-228 所示。

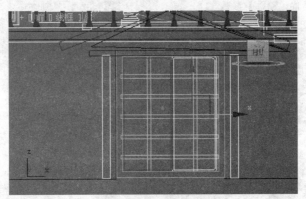

图4-228　调整门的所有部件位置

4.1.9　一层窗户的创建

1．执行【Create→Standard Primitives→Box】（创建→标准基本体→长方体）命令，在前视图中创建一个长方体,位置如图 4-229 所示。

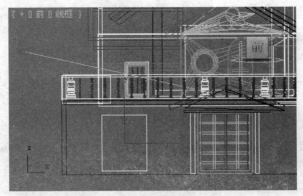

图4-229　创建长方体

2．选择作为墙面的长方体，执行【Create→Compound→Boolean】（创建→复合对象→布尔）命令，然后在【Pick Boolean】（拾取布尔）面板中单击【Pick Operand】（拾取操作对象），如图 4-230 所示，最后移动鼠标到刚建立的长方体上单击，完成操作。

3．执行【Create→Shapes→Rectangle】（创建→图形→矩形）命令或者在右侧命令面板中选择【Rectangle】（矩形），如图 4-231 所示。

图4-230　选择【布尔】　　　　　　　　　图4-231　选择【矩形】

4. 在前视图中单击鼠标，创建一个矩形，调整位置如图 4-232 所示。

5. 执行【Modifiers→Patch/Spline Editing→Edit Spline】（修改→面片/样条线编辑→编辑样条线）命令，或者单击【Modify】（修改）选项卡的下拉菜单，从中选择【Edit Spline】（编辑样条线）修改器，添加编辑样条线，如图 4-233 所示。

6. 单击【Edit Spline】（编辑样条线）前面的加号（+），在子菜单中选择【Spline】（样条线），或者在【Selection】（选择）面板中单击线的图标，选择【样条线】，如图 4-234 所示。

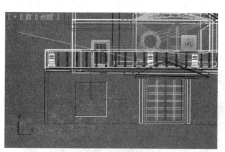

图4-232　创建矩形并调整位置　　　图4-233　添加编辑样条线修改器　　　图4-234　选择【样条线】

7. 在右侧命令面板中选择【Outline】（轮廓）并单击，根据图形设置适当的值。

8. 执行【Modifiers→Mesh Editing→Ext ude】（修改器→网格编辑→挤出）命令，添加【Extrude】（挤出）修改器，如图 4-235 所示。

9. 在【Parameters】（参数）命令面板中，设置【Amount】（数量）为 300.0mm，如图 4-236 所示。

10. 在工具栏中选择【移动】工具，在左视图中调整窗户的位置，如图 4-237 所示。

11. 在工具栏中选择【缩放】工具，在按住 Shift 键的同时缩放物体，在出现的【Clone Options】（克隆选项）对话框中设置【Object】（对象）模式为【Copy】（复制），设置【Number of Copies】（副本数）为1，单击【OK】（确定）按钮完成复制，如图 4-238 所示。

图4-235 添加挤出修改器

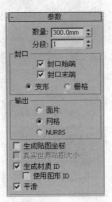

图4-236 设置【参数】面板

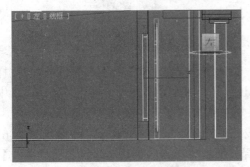

图4-237 调整窗户位置

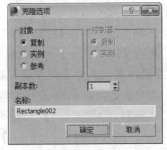

图4-238 设置【克隆选项】面板

12. 经过缩放复制的物体如图 4-239 所示。

13. 在工具栏中选择【移动】工具，在左视图中调整窗户的位置，如图 4-240 所示。

14. 在工具栏中选择【缩放】工具，在按住 Shift 键的同时缩放物体，在出现的【Clone Options】（克隆选项）对话框中设置【Object】（对象）模式为【Copy】（复制），设置【Number of Copies】（副本数）为1，单击【OK】（确定）按钮完成复制，调整位置如图 4-241 所示。

15. 在工具栏中选择【移动】工具，然后在左视图中调整窗户的位置，如图 4-242 所示。

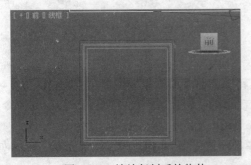

图4-239 缩放复制后的物体

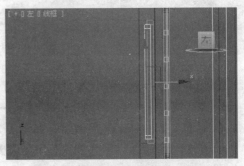

图4-240 调整窗户位置

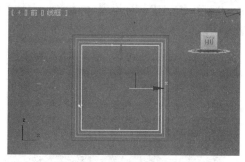

图4-241　缩放复制新物体

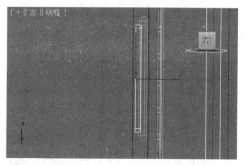

图4-242　调整窗户位置

16. 执行【Create→Standard Primitives→Box】（创建→标准基本体→长方体）命令，在前视图中创建一个长方体,位置如图 4-243 所示。

17. 进入左视图，在工具栏中选择【移动】工具，然后调整长方体的位置，如图 4-244 所示。

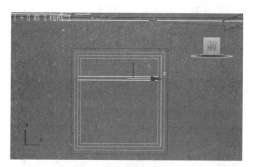

图4-243　创建长方体

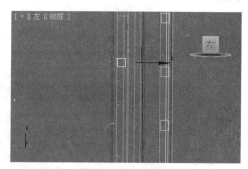

图4-244　调整位置

18. 在工具栏中选择【移动】工具，然后在按住 Shift 键的同时拖动物体，在出现的【Clone Options】（克隆选项）对话框中设置【Object】（对象）模式为【Copy】（复制），设置【Number of Copies】（副本数）为 1，单击【OK】（确定）按钮完成复制，如图 4-245 所示。

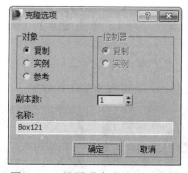

图4-245　设置【克隆选项】面板

19. 在工具栏中选择【移动】工具，在前视图中调整长方体的位置，如图 4-246 所示。

20. 执行【Create→Standard Primitives→Box】（创建→标准基本体→长方体）命令，在前视图中竖着创建一个长方体，位置如图 4-247 所示。

21. 在工具栏中选择【移动】工具，在按住 Shift 键的同时拖动物体，在出现的【Clone Options】（克隆选项）对话框中设置【Object】（对象）模式为【Instance】（实例），设置【Number of Copies】（副本数）为 1，单击【OK】（确定）按钮完成复制。

22. 执行【Create→Standard Primitives→Box】（创建→标准基本体→长方体）命令，在门的右边创建一个长方体，位置如图 4-248 所示。

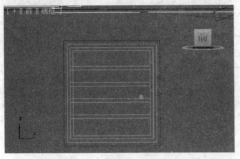

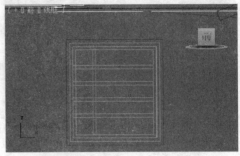

图4-246　调整长方体位置　　　　　　　　图4-247　创建长方体

23. 选择作为墙面的长方体，执行【Create→Compound→Boolean】（创建→复合对象→布尔）命令，然后在【Pick Boolean】（拾取布尔）面板中单击【Pick Operand】（拾取对象），最后移动光标到刚创建的长方体上单击完成操作。同时将刚刚创建完的窗户全部选中，如图 4-249 所示。

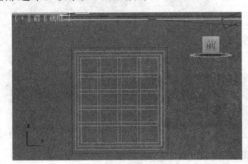

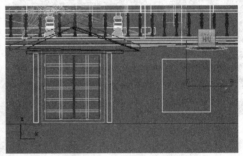

图4-248　创建长方体　　　　　　　　　图4-249　创建新长方体

24. 在工具栏中选择【移动】工具，在按住 Shift 键的同时拖动物体，在出现的【Clone Options】（克隆选项）对话框，设置【Object】（对象）模式为【Copy】（复制），设置【Number of Copies】（副本数）为 1，单击【OK】（确定）按钮完成复制，调整位置如图 4-250 所示。

25. 执行【Create→Standard Primitives→Box】（创建→标准基本体→长方体）命令，在前视图中创建一个长方体，位置如图 4-251 所示。

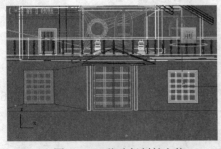

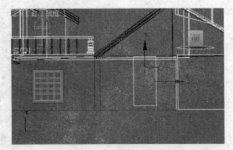

图4-250　移动复制长方体　　　　　　　图4-251　创建长方体

26. 在工具栏中选择【旋转】工具，在顶视图中对新创建的长方体进行旋转，如图 4-252 所示。

27. 在工具栏中选择【移动】工具，然后在按住 Shift 键的同时拖动物体，出现【Clone

Options】（克隆选项）对话框中设置【Object】（对象）模式为【Copy】（复制），设置【Number of Copies】（副本数）为 1，单击【OK】（确定）按钮完成复制，调整位置如图 4-253 所示。

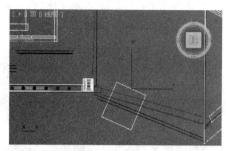

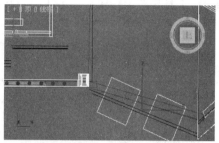

图4-252　旋转长方体　　　　　　　图4-253　移动复制长方体

28. 同样，执行【Create→Standard Primitives→Box】（创建→标准基本体→长方体）命令，再创建一个长方体，调整位置如图 4-254 所示。

29. 选择作为墙面的长方体，执行【Create→Compound→Boolean】（创建→复合对象→布尔）命令，然后在【Pick Boolean】（拾取布尔）面板中单击【Pick Operand】（拾取操作对象），最后移动光标到刚建立的长方体上分别单击，完成操作。

30. 执行【Create→Standard Primitives→Box】（创建→标准基本体→长方体）命令，创建一个长方体，作为玻璃，调整位置如图 4-255 所示。

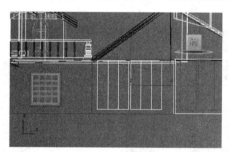
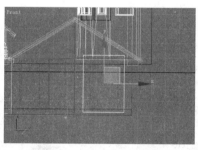

图4-254　创建长方体　　　　　　　图4-255　创建长方体（玻璃）

31. 执行【Create→Shapes→Rectangle】（创建→图形→矩形）命令，或者在右侧命令面板中单击【Rectangle】（矩形），在前视图中创建一个矩形，如图 4-256 所示。

32. 在右侧命令面板中选择【Outline】（轮廓）并单击，设置数值为 10.0mm，效果如图 4-257 所示。

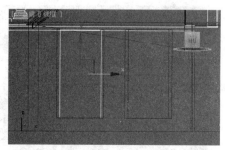
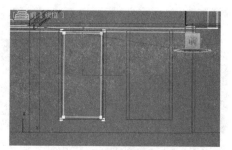

图4-256　创建矩形　　　　　　　　图4-257　设置轮廓数值效果

33. 执行【Modifiers→Mesh Editing→Ext ude】（修改器→网格编辑→挤出）命令，

添加【Extrude】修改器（挤出），在【Parameters】（参数）命令面板中，设置【Amount】
（数量）数值为 20.0mm。在工具栏中选择【旋转】工具，在顶视图中对新创建的物体进行
旋转，如图 4-258 所示。

34．在工具栏中选择【移动】工具，在前视图中对新创建的物体进行移动调整，如图
4-259 所示。

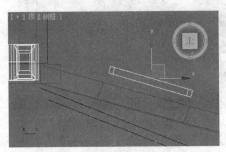
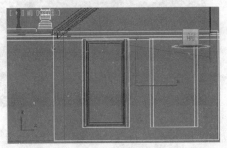

图4-258　旋转物体　　　　　　　　　　　　图4-259　调整位置

35．在工具栏中选择【移动】工具，在按住 Shift 键的同时拖动物体，在出现的【Clone
Options】（克隆选项）对话框中设置【Object】（对象）模式为【Copy】（复制），设
置【Number of Copies】（副本数）为 2，单击【OK】（确定）按钮完成复制，如图 4-260
所示。

36．在工具栏中选择【移动】工具，然后退回到点的编辑层次，对窗户进行调整，结
果如图 4-261 所示。

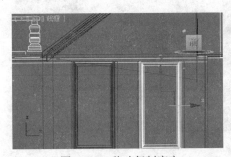

图4-260　移动复制窗户　　　　　　　　　　图4-261　调整窗户位置

37．执行【Create→Standard Primitives→Box】（创建→标准基本体→长方体）命令，
在前视图中创建一个长方体，然后选择【移动】工具，在按住 Shift 键的同时进行复制，调整
位置如图 4-262 所示。利用上述方法完成剩余相同模型的绘制，别墅模型如图 4-263 所示。

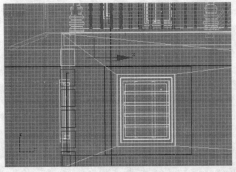

图4-262　复制长方体　　　　　　　　　　　图4-263　别墅模型

4.2 别墅材质的制作

4.2.1 屋顶材质的赋予

1. 制作屋顶的材质。执行【Rendering→Material Editor】（渲染→材质编辑器）命令（快捷键 M），或者在工具栏中选择【Material Editor】（材质编辑器）并单击，出现【Material Editor】（材质编辑器）面板。单击【Material Editor】（材质编辑器）面板右侧的【Standard】（标准）按钮，打开【Material/Map Browser】（材质/贴图浏览器）面板，从中选择【Multi/Sub-Object】（多维/子对象）并单击，如图 4-264 所示。

2. 在【Replace Material】（替换材质）面板中选择【Discard old】（丢弃旧材质）选项，然后单击【OK】（确定）按钮，如图 4-265 所示。

3. 此时出现【Multi/Sub-Object Basic Parameters】（多维/子对象基本参数）命令面板，如图 4-266 所示。

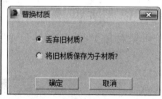

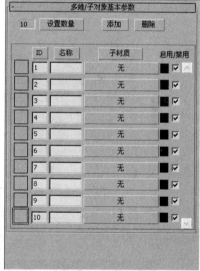

图4-264 选择【多维/子对象】 　图4-265 选择 　图4-266 【多维/子对象基本参数】面板
　　　　　　　　　　　　　　　【丢弃旧材质】选项

4. 执行【Multi/Sub-Object Basic Parameters→Set Number】（多维/子对象基本参数→设置数量）命令，打开【Set Number of Materials】（设置材质数量）面板，将【Number of Materials】（材质数量）的数值设置为2，单击【OK】（确定）按钮，如图 4-267 所示。

5. 单击 ID 号为1的材质球后面的【Standard】（标准）按钮，打开【Material/Map Browser】（材质/贴图浏览器）面板，从中选择【Bitmap】（位图）并单击，打开【Select

Bitmap Image File】（选择位图图像文件）面板，从光盘中选择一种砖瓦材质，完成打开操作，如图 4-268 所示。

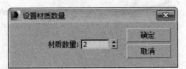

图4-267　【设置材质数量】面板

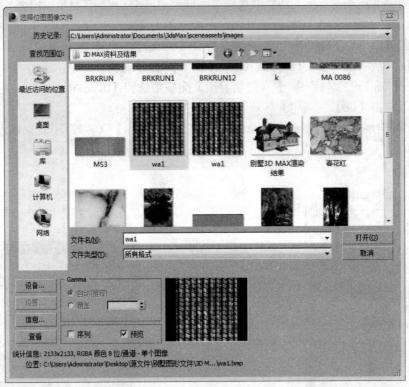

图4-268　选择砖瓦材质

6. 在【Coordinates】（坐标）面板中对其基本参数进行设置，设置【Tiling】（瓷砖）设为2.0、【Blur】（模糊）为1.0，如图 4-269 所示。

7. 单击【Go to Parent】（转到父对象）按钮，回到上层命令面板，然后进行设置，如图 4-270 所示。

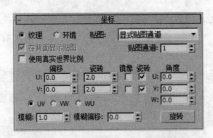

图4-269　设置【坐标】面板

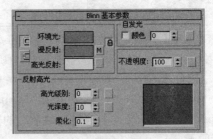

图4-270　设置上层命令面板

8. 单击 ID 号为 2 的材质球，然后在【Blinn Basic Parameters】（Blinn 基本参数）命令面板中分别将【Ambient，Diffuse，Specular】（环境光、漫反射、高光反射）的

色彩设为白色，如图 4-271 所示。

9．单击【Go to Parent】（转到父对象）按钮，回到最顶层的命令面板，如图 4-272 所示。

10．执行【Modifiers→Mesh Editing→Edit Mesh】（修改器→网格编辑→编辑网格）命令，或者单击【Modify】（修改）选项卡下拉菜单，从中选择【Edit Mesh】（编辑网格）修改器，然后单击【Edit Mesh】（编辑网格）前面的加号（+），在子菜单中选择【Polygon】（多边形），如图 4-273 所示。

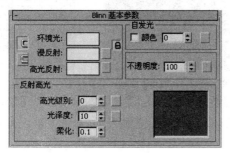

图4-271　设置【Blinn 基本参数命令】面板　　　图4-272　回到最顶层的命令面板

11．在工具栏中选择【移动】工具，在顶视图中进行选择，被选中的多边形呈现红色，如图 4-274 所示。

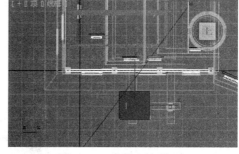

图4-273　添加编辑网格修改器　　　　　　图4-274　选择多边形

12．在右侧控制面板【Material】（材质）下面，设置【Set ID】（选择 ID）为 1，将【Smoothing Groups】（平滑组）同样设置为 1，如图 4-275 所示。

13．在工具栏中选择【移动】工具，在前视图中进行重新选择，被选中的多边形呈现红色，如图 4-276 所示。

14．在右侧控制面板【Material】（材质）下面，设置【Set ID】（选择 ID）为 2，将【Smoothing Groups】（平滑组）同样设置为 2，如图 4-277 所示。

15．选择最前面的屋顶，单击图标，将材质赋予屋顶。执行【Modifiers→UVW Coordinates→UVW Map】（修改器→UVW 坐标→UVW 贴图）命令，或者在【Modify】（修改）选项卡中单击下拉菜单，选择【UVW Map】（UVW 贴图），添加 UVW 贴图修改器，如图 4-278 所示。

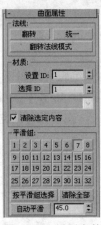

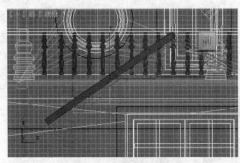

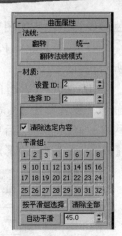

图4-275　设置参数　　　　　图4-276　重新选择多边形　　　　图4-277　设置参数

16. 在【Parameters】（参数）面板中，设置【Mapping】（贴图）模式为【Box】（长方体），设置【Length】（长度）为317.953、【Width】（宽度）为14.908、【Height】（高度）为25.4，如图4-279所示。

17. 在下面的控制面板中，将【Alignment】（对齐）设置为Z轴，如图4-280所示。单击【Fit】（操纵）按钮，完成操作。

图4-278　添加UVW 贴图修改器　　　图4-279　设置【参数】面板　　　图4-280　设置【　】为Z轴

18. 在【Material Editor】（材质编辑器）面板中，选择刚才制作的材质球，拖动复制一个材质球，同时对其基本参数进行设置，然后在前视图中将小屋顶选中，如图 4-281所示。

19．在【Selection】（选择）命令面板中单击多边形的图标，如图 4-282 所示。

20．在工具栏中选择【移动】工具，在左视图中进行选择，被选中的多边形呈现红色，如图 4-283 所示。

21．在右侧控制面板的【Material】（材质）下面，设置【Set ID】（选择 ID）为 1，将【Smoothing Groups】（平滑组）同样设置为 1，如图 4-284 所示。

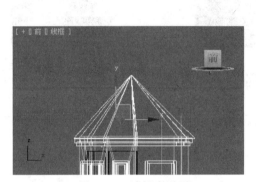

图4-281　选择小屋顶

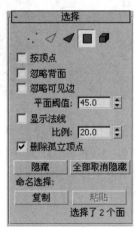

图4-282　选择【多边形】

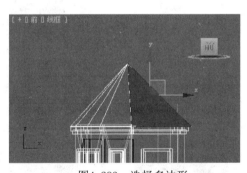

图4-283　选择多边形

图4-284　设置参数

22．在工具栏中选择【移动】工具，在前视图中进行选择，被选中的多边形呈现红色，如图 4-285 所示。

23．在右侧控制面板的【Material】（材质）下面，设置【Set ID】（选择 ID）为 2，将【Smoothing Groups】（平滑组）同样设置为 2，如图 4-286 所示。

24．在工具栏中选择【移动】工具，在左视图中进行选择，被选中的多边形呈现红色，如图 4-287 所示。

25．在右侧控制面板【Material】（材质）下面，设置【Set ID】（选择 ID）为 3，将【Smoothing Groups】（平滑组）同样设置为 3，如图 4-288 所示。

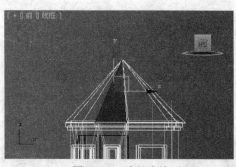

图4-285　选择多边形　　　　　　　　　图4-286　设置基本参数

26．选择最小的屋顶，单击图标 ，将材质赋予屋顶。执行【Modifiers→UV W Coordinates→UVW Map】（修改器→UVW 坐标→UVW 贴图）命令，或者在【Modify】（修改）选项卡中单击下拉菜单，选择【UVW Map】（UVW 贴图），添加 UVW 贴图修改器，如图 4-289 所示。

图4-287　选择多边形　　　　图4-288　设置参数　　图4-289　添加UVW 贴图修改器

27．在【Parameters 】（参数）面板中设置【Mapping】（贴图）的模式为【Box】

（长方体），设置【Length】（长度）为 254.784、【Width】（宽度）为 217.847、【Height】（高度）为 238.264，如图 4-290 所示。

28. 在下面的控制面板中，将【Alignment】（对齐）设置为 Z 轴，如图 4-291 所示，单击【Fit】（操纵）按钮完成操作。

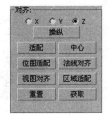

图4-290 设置参数   图4-291 设置【对齐】为Z轴

29. 在【Material Editor】（材质编辑器）面板中，选择刚才制作的材质球并拖动，再复制两个相同的材质，分别在【Coordinates】（坐标）面板中对其基本参数进行不同的设置，设置【Tiling】（瓷砖）分别为 8.0 和 2.0，【Blur】（模糊）都为 1.0，如图 4-292、图 4-293 所示。

30. 重复上述操作，重新设置 ID 号，选择其他的屋顶，单击图标 ，将材质赋予屋顶，完成屋顶材质的制作。

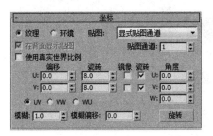
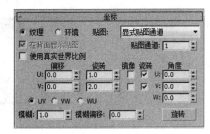

图4-292 设置【坐标】面板1   图4-293 设置【坐标】面板2

4.2.2 墙面材质的赋予

1. 选择一个新的材质球，单击【Diffuse】（漫反射）后面的【None】（无）按钮，打开【Material/Map Browser】（材质/贴图浏览器）面板，从中选择【Bitmap】（位图）单击，打开【Select Bitmap Image File】（选择位图图像文件）面板，从中选择一种材质，如图 4-294 所示，完成打开操作。

2. 在【Coordinates】（坐标）面板中对其基本参数进行设置，设置【Tiling】（瓷砖）设为 14.0、【Blur】（模糊）为 1.0，如图 4-295 所示。

3. 单击【Go to Parent】（转到父对象）按钮 ，回到上层命令面板，然后进行设置，设置【Specular Level】（高光级别）为 0、【Glossiness】（光泽度）为 10，如图 4-296 所示。

4. 在工具栏中选择【移动】工具，在前视图中选择一楼的墙面，如图 4-297 所示。

5. 单击图标 🎨，将材质赋予墙面。执行【Modifiers→UV W Coordinates→UVW Map】（修改器→UVW 坐标→UVW 贴图）命令，或者在【Modify】（修改）🖉选项卡中单击下拉菜单选择【UVW Map】（UVW 贴图），添加 UVW 贴图修改器，如图 4-298 所示。

6. 在【Parameters】（参数）面板中设置【Mapping】（贴图）模式为【Box】（长方体），设置【Length】（长度）为 551.37、【Width】（宽度）为 73.796、【Height】（高度）为 1337.64，如图 4-299 所示。在其下面的控制面板中，将【Alignment】（对齐）设置为 Z 轴，然后单击【Fit】（操纵）按钮完成操作。

图4-294　选择一种材质

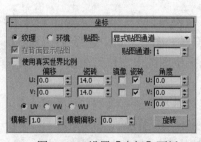

图4-295　设置【坐标】面板

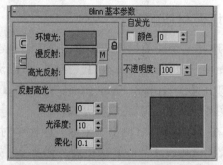

图4-296　设置【Blinn基本参数】面板

7. 在【Material Editor】（材质编辑器）面板中，选择刚才制作的材质球，然后拖动复制一个相同的材质。

8. 在【Coordinates】（坐标）面板中对其基本参数进行设置，设置【Tiling】（瓷砖）为 18.0、【Blur】（模糊）为 1.0，如图 4-300 所示。单击图标，将材质赋予二楼的墙面。

图4-297　选择一楼墙面　　　　　　　　　　图4-298　添加UVW 贴图修改器

9．选择一个新的材质球，单击【Diffuse】（漫反射）后面的【None】（无）按钮，打开【Material/Map Browser】（材质/贴图浏览器）面板，从中选择【Bitmap】（位图）并单击，打开【Select Bitmap Image File】（选择位图图像文件）面板，从中选择一种石材质，如图 4-301 所示，完成打开操作。

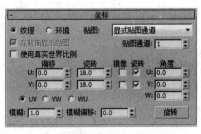

图4-299　设置【参数】面板　　　图4-300　设置【坐标】面板　　　图4-301　选取石材质

10. 在【Coordinates】（坐标）面板中对其基本参数进行设置，设置【Tiling】（瓷砖）设为 5.0，【Blur】（模糊）为 1.0，如图 4-302 所示。

11. 单击【Go to Parent】（转到父对象）按钮，回到上层命令面板进行设置，【Specular Level】（高光级别）为 0、【Glossiness】（光泽度）为 10，如图 4-303 所示。选择靠近地面的墙体，单击图标，将材质赋予物体，完成石材的制作。

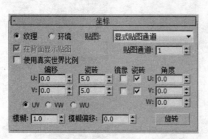

图4-302　设置【坐标】面板

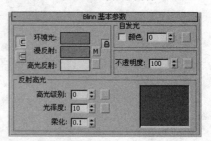

图4-303　设置【Blinn基本参数】面板

12. 在材质面板中选择一个新的材质球，单击【Material Editor】（材质编辑器）面板右侧的【Standard】（标准）按钮，打开【Material/Map Browser】（材质/贴图浏览器）面板，从中选择【Multi/Sub-Object】（多维/子对象）单击，执行【Multi/Sub-Object Basic Parameters→Set Number→Set Number of Materials】（多维/子对象基本参数→设置数量→设置材质数量）命令，打开【Set Number of Materials】（设置材质数量）面板，将【Number of Materials】（材质数量）的数值设置为 3，单击【OK】（确定）按钮。

13. 单击 ID 号为 1 的材质球后面的【Standard】（标准）按钮，打开一个【Material/Map Browser】（材质/贴图浏览器）面板，从中选择【Bitmap】（位图）并单击，打开【Select Bitmap Image File】（选择位图图像文件）面板，从光盘中选择一种砖材质，如图 4-304 所示，完成打开操作。

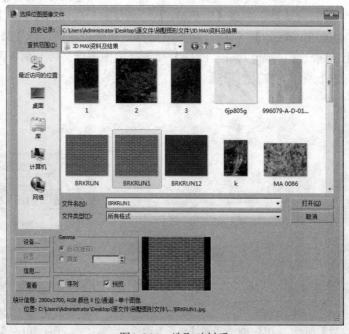

图4-304　选取砖材质

14. 在【Coordinates】（坐标）面板中对其基本参数进行设置，设置【Tiling】（瓷砖）为 0.5、【Blur】（模糊）为 1.0，如图 4-305 所示。

15. 单击【Go to Parent】（转到父对象）按钮，回到上层命令面板，然后进行设置，如图 4-306 所示。

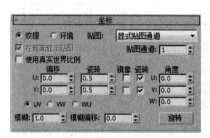

图4-305　设置【坐标】面板

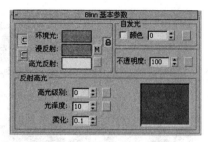

图4-306　设置上层命令面板

16. 单击 ID 号为 2 的材质球后面的【Standard】（标准）按钮，打开一个【Material/Map Browser】（材质/贴图浏览器）面板，从中选择【Bitmap】（位图）并单击，打开【Select Bitmap Image File】（选择位图图像文件）面板，从光盘中选择与步骤 13 同一种砖材质，完成打开操作。

17. 在【Coordinates】（坐标）面板中对其基本参数进行设置，设置【Tiling】（瓷砖）为 1.4 和 0.7，【Blur】（模糊）为 1.0，如图 4-307 所示。

18. 单击 ID 号为 3 的材质球后面的【Standard】（标准）按钮，打开一个【Material/Map Browser】（材质/贴图浏览器）面板，从中选择【Bitmap】（位图）并单击，打开【Select Bitmap Image File】（选择位图图像文件）面板，从光盘中选择与步骤 13 同一种砖材质，完成打开操作。

19. 在【Coordinates】（坐标）面板中对其基本参数进行设置，设置【Tiling】（瓷砖）设为 0.5，【Blur】（模糊）为 1.0，如图 4-308 所示。

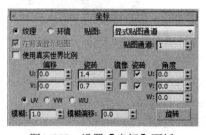

图4-307　设置【坐标】面板

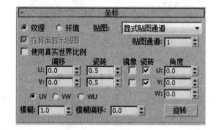

图4-308　设置【坐标】面板

20. 在工具栏中选择【移动】工具，在左视图中进行选择，被选中的多边形呈现红色，如图 4-309 所示。

21. 在右侧控制面板【Material】（材质）下面，设置【Set ID】（选择 ID）为 2，将【Smoothing Groups】（平滑组）同样设置为 2，如图 4-310 所示。

22. 在工具栏中选择【移动】工具，在前视图中进行选择，被选中的多边形呈现红色，如图 4-311 所示。

23. 在右侧控制面板【Material】（材质）下面，设置【Set ID】（选择 ID）为 1，将【Smoothing Groups】（平滑组）同样设置为 1，如图 4-312 所示。

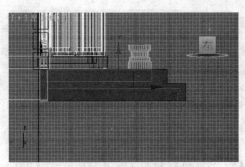

图4-309　选择多边形

图4-310　设置参数

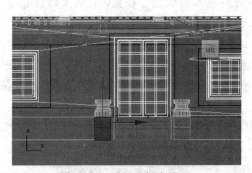

图4-311　重新选择多边形

图4-312　参数设置

24．在工具栏中选择【移动】工具，在顶视图中进行选择，被选中的多边形呈现红色，如图 4-313 所示。

25．在右侧控制面板【Material】（材质）下面，设置【Set ID】（选择 ID）为 3，将【Smoothing Groups】（平滑组）同样设置为 3，如图 4-314 所示。

26．选择物体，单击图标，将材质赋予图形。执行【Modifiers→UVW Coordinates →UVW Map】（修改器→UVW 坐标→UVW 贴图）命令，或者在【Modify】（修改）选项卡中单击下拉菜单选择【UVW Map】（UVW 贴图）修改器。

27．在【Parameters 】（参数）面板中设置【Mapping】（贴图）模式为【Box】（长方体），设置【Lenth】（长度）为 254.0，【Width】（宽度）为 215.0，【Height】（高度）为 194.0，如图 4-315 所示。

28．在控制面板中将【Alignment】（对齐）设置为 Z 轴，单击【Fit】（操纵）按钮完成操作。

29．在材质面板中选择一个新的材质球，单击【Material Editor】（材质编辑器）面板右侧的【Standard】（标准）按钮，打开【Material/Map Browser】（材质/贴图浏览器）面板，从中选择【Multi/Sub-Object】（多维/子对象）并单击。

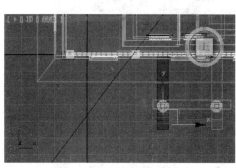

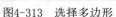

图4-313　选择多边形　　　　　　图4-314　设置参数　　　　　图4-315　设置【参数】面板

30．执行【Multi/Sub-Object　Basic Parameters→Set Number→Set Number of Materials】（多维/子对象基本参数→设置数量→设置材质数量）命令，打开【Set Number of Materials】面板，将【Number of Materials】（材质数量）的数值设置为2，单击【OK】（确定）按钮。

31．单击 ID 号为 1 的材质球，再单击【Diffuse】（漫反射）后面的【None】（无）按钮，打开【Material/Map Browser】（材质/贴图浏览器）面板，从中选择【Bitmap】（位图）并单击，打开【Select Bitmap Image File】（选择位图图像文件）面板，从中选择一种石材质，如图 4-316 所示，完成打开操作。

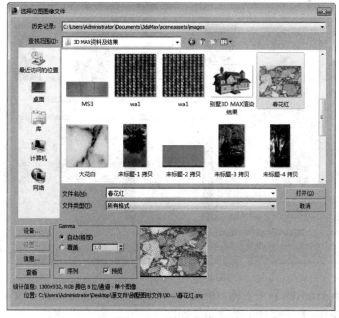

图4-316　选取石材质

32．在【Coordinates】（坐标）面板中对其基本参数进行设置，设置【Tiling】（瓷砖）为 4.0、【Blur】（模糊）为 1.0，如图 4-317 所示。

33．单击【Go to Parent】（转到父对象）按钮 ，回到上层命令面板，然后进行设置，如图 4-318 所示。

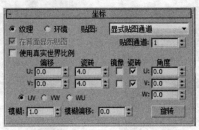

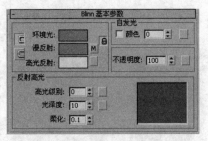

图4-317　设置【坐标】面板　　　　　　图4-318　设置上层命令面板

34．单击 ID 号为 2 的材质球，再单击【Diffuse】（漫反射）后面的【None】（无）按钮，打开【Material/Map Browser】（材质/贴图浏览器）面板，从中选择【Bitmap】（位图）并单击，打开【Select Bitmap Image File】（选择位图图像文件）面板，从中选择一种石材质，如图 4-319 所示，完成打开操作。

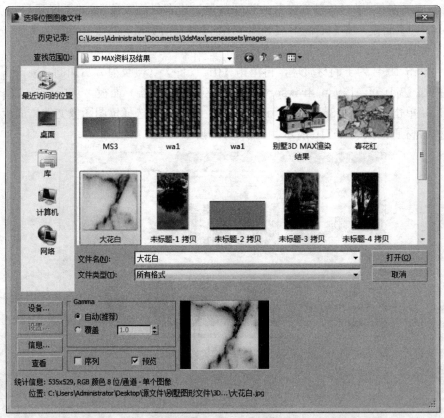

图4-319　选取石材质

35．在【Coordinates】（坐标）面板中对其基本参数进行设置，设置【Tiling】（瓷砖）为 2.0，【Blur】（模糊）为 1.0，如图 4-320 所示。

36．返回【Material Editor】（材质编辑器）面板，最终的材质设置如图 4-321 所示。

37. 在工具栏中选择【移动】工具，在顶视图中进行选择，被选中的多边形呈现红色，如图 4-322 所示。

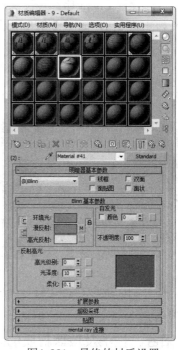

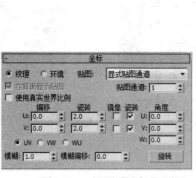

图4-320　设置【坐标】面板　　　　　　　　图4-321　最终的材质设置

38. 在右侧控制面板【Material】（材质）下面，设置【Set ID】（选择 ID）为 1，将【Smoothing Groups】（平滑组）同样设置为 1，如图 4-323 所示。

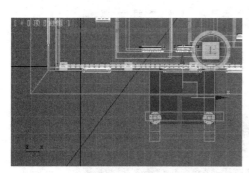

图4-322　选择多边形　　　　　　　　　　图4-323　设置参数

39. 在工具栏中选择【移动】工具，在前视图中进行选择，被选中的多边形呈现红色，如图 4-324 所示。

40. 在右侧控制面板【Material】（材质）下面，设置【Set ID】（选择 ID）为 2，将【Smoothing Groups】（平滑组）同样设置为 2，如图 4-325 所示。

41. 选择台阶，单击图标，将材质赋予台阶。执行【Modifiers→UVW Coordinates →UVW Map】（修改器→UVW 坐标→UVW 贴图）命令或者在【Modify】（修改）选项卡中单击下拉菜单，选择【UVW Map】（UVW 贴图），添加 UVW 贴图修改器。

42. 在【Parameters】（参数）面板中设置【Mapping】（贴图）的模式为【Box】（长方体），设置【Length】（长度）为 0.0、【Width】（宽度）为 407.483、【Height】（高度）为 401.819，如图 4-326 所示。

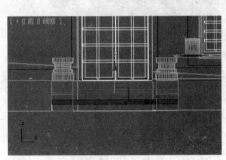

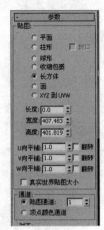

图4-324　选择多边形　　　　　　　　图4-325　设置参数　　　　　图4-326　设置【参数】面板

43. 在控制面板中，将【Alignment】（对齐）设置为 Z 轴，单击【Fit】（操纵），完成操作。

4.2.3 阳台、柱子及玻璃材质的赋予

1. 选择一个新的材质球，单击【Diffuse】（漫反射）后面的【None】（无）按钮，打开【Material/Map Browser】（材质/贴图浏览器）面板，从中选择【Bitmap】（位图）并单击，打开【Select Bitmap Image File】（选择位图图像文件）面板，从中选择一种砖材质，如图 4-327 所示，完成打开操作。

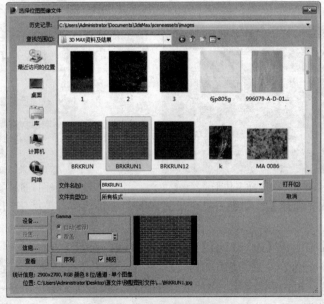

图4-327　选取砖材质

2．在【Coordinates】（坐标）面板中对其基本参数进行设置，设置【Tiling】（瓷砖）为2.0、【Blur】（模糊）为1.0，如图 4-328 所示。

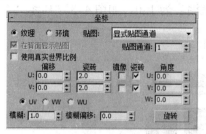

图4-328　设置【坐标】面板

3．选择后面的烟筒，单击图标，将材质赋予烟筒。执行【Modifiers→UVW Coordinates→UVW Map】（修改器→UVW 坐标→UVW 贴图）命令，或者在【Modify】（修改）选项卡中单击下拉菜单，选择【UVW Map】（UVW 贴图），添加 UVW 贴图修改器，逐步调整烟筒材质，直至自己满意为止。

4．选择一个新的材质球，单击【Diffuse】（漫反射）后面的【None】（无）按钮，打开【Material/Map Browser】（材质/贴图浏览器）面板，从中选择【Bitmap】（位图）并单击，打开【Select Bitmap Image File】（选择位图图像文件）面板，从中选择一种石材质，如图 4-329 所示，完成打开操作。

5．在【Coordinates】（坐标）面板中对其基本参数进行设置，设置【Tiling】（瓷砖）为10.0、【Blur】（模糊）为1.0，如图 4-330 所示。

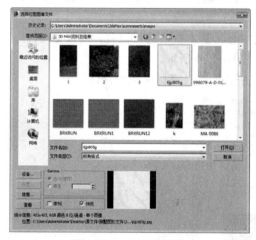

图4-329　选取石材质

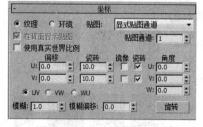

图4-330　设置【坐标】面板

6．选择上面的墙面，单击图标，将材质赋予墙面。执行【Modifiers→UV W Coordinates→UVW Map】（修改器→UVW 坐标→UVW 贴图）命令，或者在【Modify】（修改）选项卡中单击下拉菜单选择【UVW Map】（UVW 贴图），添加 UVW 贴图修改器，对墙面做进一步调整。

7．选择一个新的材质球，单击【Diffuse】（漫反射）后面的【None】（无）按钮，打开【Material/Map Browser】（材质/贴图浏览器）面板，从中选择【Bitmap】（位图）并单击，打开【Select Bitmap Image File】（选择位图图像文件）面板，从中选择另一

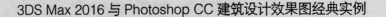

种石材质，如图 4-331 所示，打开操作。

8．在【Coordinates】（坐标）面板中对其基本参数进行设置，设置【Tiling】（瓷砖）为 1.0、【Blur】（模糊）为 1.0，如图 4-332 所示。

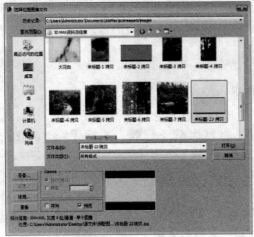

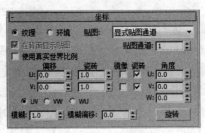

图4-331　选取另一种石材质　　　　　　图4-332　设置【坐标】面板

9．选择柱子及其部件，单击 图标，将材质赋予物体。

10．选择一个新的材质球，单击【Diffuse】（漫反射）后面的【None】（无）按钮，打开【Material/Map Browser】（材质/贴图浏览器）面板，从中选择【Bitmap】（位图）并单击，打开【Select Bitmap Image File】（选择位图图像文件）面板，从中选择一种木材质，如图 4-333 所示，完成打开操作。

11．在【Coordinates】（坐标）面板中对其基本参数进行设置，设置【Tiling】（瓷砖）为 1.0、【Blur】（模糊）为 1.0，如图 4-334 所示。

12．选择前面窗户下的横木装饰，单击图标 ，将材质赋予物体。

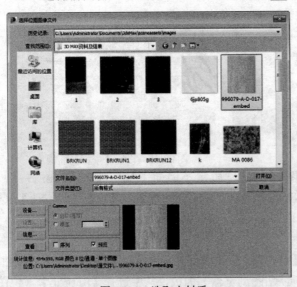

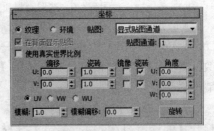

图4-333　选取木材质　　　　　　　　图4-334　设置【坐标】面板

13．选择一个新的材质球，单击【Diffuse】（漫反射）后面的【None】（无）按钮，打开【Material/Map Browser】（材质/贴图浏览器）面板，从中选择【Bitmap】（位图）并单击，然后打开【Select Bitmap Image File】（选择位图图像文件）面板，从中选择一种瓦材质，如图 4-335 所示，完成打开操作。

14. 在【Coordinates】（坐标）面板中对其基本参数进行设置，设置【Tiling】（瓷砖）为 10.0、【Blur】（模糊）为 1.0，如图 4-336 所示。

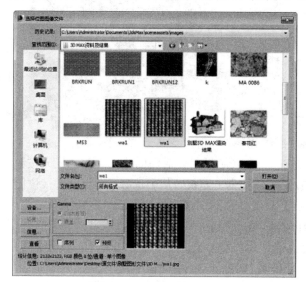

图4-335　选取瓦材质

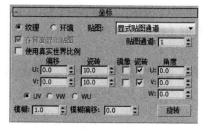

图4-336　设置【坐标】面板

15. 单击【Go to Parent】（转到父对象）按钮，回到上层命令面板，然后进行设置，如图 4-337 所示。

16. 选择房沿，单击图标，将材质赋予房沿。

17. 选择一个新的材质球，单击【Diffuse】（漫反射）后面的【None】（无）按钮，打开【Material/Map　Browser】（材质/贴图浏览器）面板，从中选择【Bitmap】（位图）并单击，打开【Select Bitmap Image File】（选择位图图像文件）面板，从中选择另一种砖材质，如图 4-338 示，完成打开操作。

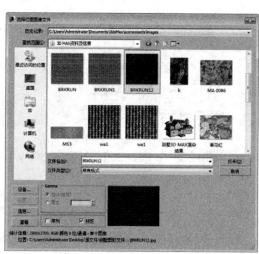

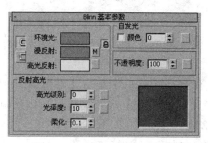

图4-337　设置上层命令面板

图4-338　选择另一种砖材质

18．在【Coordinates】（坐标）面板中对其基本参数进行设置，设置【Tiling】（瓷砖）为 1.0 和 2.0、【Blur】（模糊）为 0.5，如图 4-339 所示。

19．单击【Go to Parent】（转到父对象）按钮 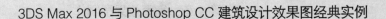，回到上层命令面板，然后进行设置，如图 4-340 所示。

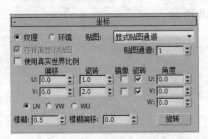

图4-339　设置【坐标】面板

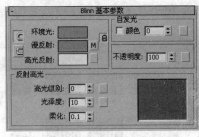

图4-340　设置上层命令面板

20．选择阳台，单击图标 ，将材质赋予物体。

21．选择一个新的材质球，单击【Diffuse】（漫反射）后面的【None】（无）按钮，打开【Material/Map Browser】（材质/贴图浏览器）面板，从中选择【Bitmap】（位图）单击，打开【Select Bitmap Image File】（选择位图图像文件）面板，从中选择一张风景图片，如图 4-341 所示，完成打开操作。

22．在【Coordinates】（坐标）面板中对其基本参数进行设置，设置【Tiling】（瓷砖）为 4.0 和 2.0、【Blur】（模糊）为 0.1，如图 4-342 所示。

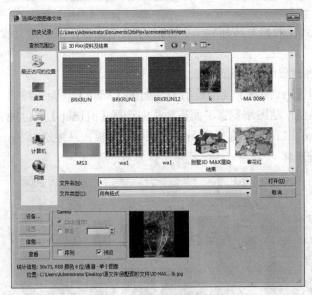

图4-341　选择风景图片

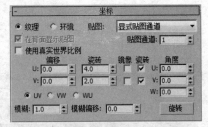

图4-342　设置【坐标】面板

23．单击【Go to Parent】（转到父对象）按钮 ，回到上层命令面板，然后进行设置，如图 4-343 所示。

24．单击【Maps】（贴图）前面的加号（+），在其下拉菜单中单击【Reflection】（反射）后面的【None】（无）按钮，然后从中选择【Raytrace】（光线跟踪）并且调整参数，设置【Reflection】（反射）为 10，如图 4-344 所示。

25．选择一层侧面的窗户玻璃，单击图标 ，将材质赋予窗户玻璃。

26．选择一个新的材质球，单击【Diffuse】（漫反射）后面的【None】（无）按钮，打开【Material/Map　Browser】（材质/贴图浏览器）面板，从中选择【Bitmap】（位图）并单击，打开【Select Bitmap Image File】（选择位图图像文件）面板，从中选择一张风景图片，如图 4-345 所示，完成打开操作。

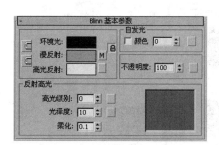

图4-343　设置上层命令面板

图4-344　设置【反射】参数

27．单击【Maps】（贴图）前面的加号（+），在其下拉菜单中单击【Reflection】（反射）后面的【None】（无）按钮，从中选择【Raytrace】（光线跟踪）并且调整参数，设置【Reflection】（反射）为 20，如图 4-346 所示。

图4-345　选择风景图片

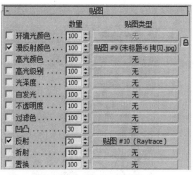

图4-346　设置【反射】参数

28．选择二层侧面的窗户玻璃，单击图标，将材质赋予窗户玻璃。

29．选择一个新的材质球，单击【Diffuse】（漫反射）后面的【None】（无）按钮，打开【Material/Map　Browser】（材质/贴图浏览器）面板，从中选择【Bitmap】（位图）并单击，打开【Select Bitmap Image File】（选择位图图像文件）面板，从中选择一张风景图片，如图 4-347 所示，完成打开操作。

30．单击【Maps】（贴图）前面的加号（+），在其下拉菜单中单击【Reflection】（反射）后面的【None】（无）按钮，打开如图 4-348 所示的【Material/Map　Browser】（材质/贴图浏览器）面板，从中选择【Raytrace】（光线跟踪）。

31．调整折射的参数，设置【Reflection】（反射）为 20，如图 4-349 所示。

32．选择小棱锥房子的玻璃，单击图标，将材质赋予窗户玻璃。

33. 选择一个新的材质球，单击【Diffuse】（漫反射）后面的【None】（无）按钮，打开【Material/Map Browser】（材质/贴图浏览器）面板，从中选择【Bitmap】（位图）并单击，打开【Select Bitmap Image File】（选择位图图像文件）面板，从中选择一张风景图片，如图 4-350 所示，完成打开操作。

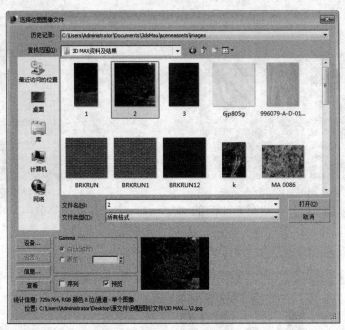

图4-347　选择风景图片

图4-348　选择【光线】跟踪

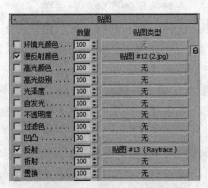

图4-349　设置【反射】参数

34．单击【Maps】（贴图）前面的加号（+），在其下拉菜单中单击【Reflection】（反射）后面的【None】（无）按钮，从中选择【Raytrace】（光线跟踪）并且调整参数，设置【Reflection】（反射）为 15，如图 4-351 所示。

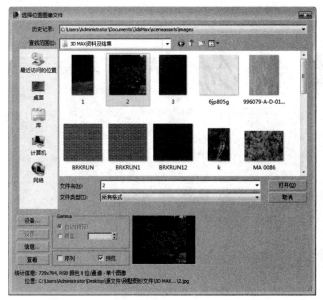

图4-350　选择风景图片　　　　　　　图4-351　设置【反射】参数

35．选择门和二楼窗户的玻璃，单击图标，将材质赋予玻璃。

36．选择一个新的材质球，单击【Diffuse】（漫反射）后面的【None】（无）按钮，打开【Material/Map Browser】（材质/贴图浏览器）面板，从中选择【Bitmap】（位图）并单击，打开【Select Bitmap Image File】（选择位图图像文件）面板，从中选择一张风景图片，如图 4-352 所示，完成打开操作。

37．单击【Maps】（贴图）前面的加号（+），在其下拉菜单中单击【Reflection】（反射）后面的【None】（无）按钮，从中选择【Raytrace】（光线跟踪）并且调整参数，设置【Reflection】（反射）为 65，如图 4-353 所示。

38．选择一楼左边的窗户玻璃，单击图标，将材质赋予窗户玻璃。

39．选择一个新的材质球，单击【Diffuse】（漫反射）后面的【None】（无）按钮，打开【Material/Map Browser】（材质/贴图浏览器）面板，从中选择【Bitmap】（位图）并单击，打开【Select Bitmap Image File】（选择位图图像文件）面板，从中选择一张风景图片，如图 4-354 所示，完成打开操作。

40．单击【Maps】（贴图）前面的加号（+），在其下拉菜单中单击【Reflection】（反射）后面的【None】（无）按钮，从中选择【Raytrace】（光线跟踪）并且调整参数，设置【Reflection】（反射）为 65，如图 4-355 所示。

41．选择一楼正面两个窗户的玻璃，单击图标，将材质赋予窗户玻璃。至此别墅所有材质及贴图的制作已经完成。

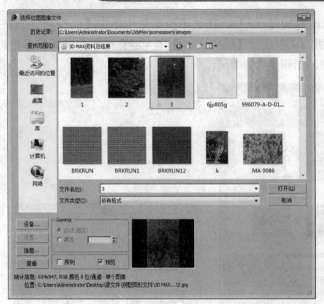

图4-352　选择风景图片

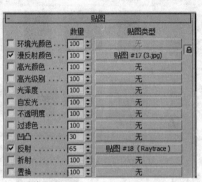

图4-353　设置【反射】参数

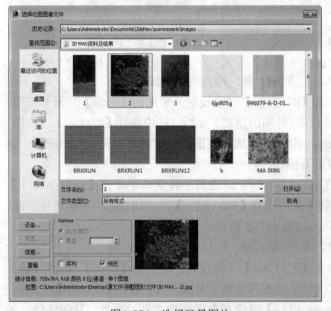

图4-354　选择风景图片

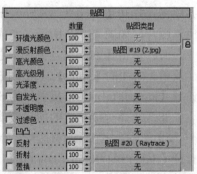

图4-355　设置【反射】

4.3 别墅灯光的制作

1. 执行【Create→Lights→Standard Lights→Target Spotlight】（创建→灯光→标准灯光→目标聚光灯）命令，或在【Object Type】（对象类型）面板中选择【Target Spotlight】（目标聚光灯）并单击，如图4-356 所示。

图4-356　选择【目标聚光灯】

2. 在左视图中建立一盏【Target Spot】（目标聚光灯），位置调整如图 4-357 所示。

3. 在前视图中对【Target Spot】（目标聚光灯）进行调整，如图 4-358 所示。

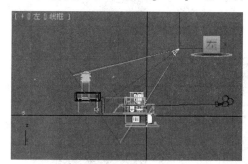

图4-357　创建目标聚光灯

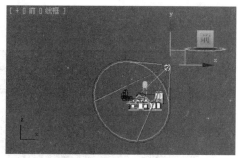

图4-358　调整目标聚光灯

4. 在顶视图中对【Target Spot】（目标聚光灯）重新调整，如图 4-359 所示。

5. 在【General Parameters】（常规参数）面板中进行设置，将【Multip】（倍增）数值设置为 1.0，色彩设置为白色，如图 4-360 所示。

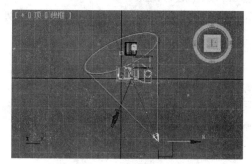

图4-359　重新调整目标聚光灯

图4-360　设置【强度/颜色/衰减】面板

6. 在工具栏中选择【移动】工具，然后在按住 Shift 键的同时拖动目标聚光灯进行复制，如图 4-361 所示。

7. 在顶视图中对新复制的【Target Spot】（目标聚光灯）进行调整，如图 4-362 所示。

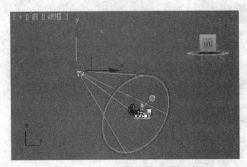 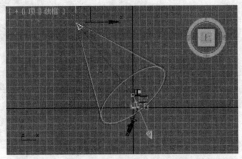

图4-361　移动复制目标聚光灯　　　　　　图4-362　在顶视图中调整目标聚光灯位置

8. 在左视图中对新复制的【Target Spot】（目标聚光灯）同样进行调整，如图 4-363 所示。

9. 在【General Parameters】（常规参数）命令面板中进行设置，设置【Light Type】（使用全局光设置）为【On】（启用），在【Shadows】（阴影）中也选择【On】（启用）。将【Multip】（倍增）数值设置为 1.0，色彩设置为灰色，如图 4-364 所示。

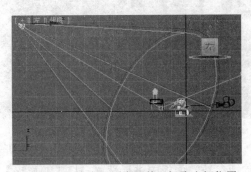 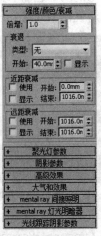

图4-363　在左视图中调整目标聚光灯位置　　　图4-364　设置【强度/颜色/衰减】面板

10. 在工具栏中单击按钮，对新建立的别墅进行渲染。

11. 将渲染的图片设为 JPG 格式保存，为下一步在 Photoshop 里面进行图像处理做好准备。

4.4　别墅的图像合成

4.4.1　背景云层的处理

1. 执行【新建】命令，在出现的【新建】对话框中按如图 4-365 所示进行设置。

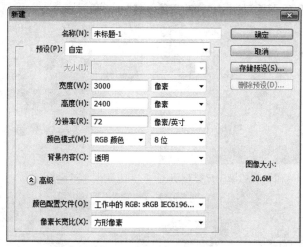

图4-365　设置【新建】对话框

2. 执行【文件】→【打开】命令，在目录或光盘中选择 "别墅.jpg"文件，单击【打开】。再单击【魔棒】工具图标，在别墅图片的白色区域内单击，执行【选择】命令，并执行【选择】→【反向】命令，再执行【编辑】→【拷贝】命令，然后回到背景画布上，执行【编辑】→【粘贴】命令，效果如图 4-366 所示。

3. 单击【图层】菜单栏，打开【新建】→【图层】对话框，将图层名称更名为 "别墅"，单击【确定】按钮，如图 4-367 所示。

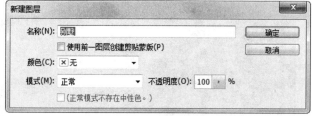

图4-366　置入别墅图层　　　　　　　　　　图4-367　重命名图层

4. 首先执行【文件】→【打开】命令，打开一张云朵的图片，在工具箱中单击选择框工具，然后在云的图层中进行框选，如图 4-368 所示。

5. 执行【编辑】→【拷贝】命令，然后回到背景画布上，执行【编辑】→【粘贴】命令，再执行【编辑】→【自由变换】命令，逐步调整天空的大小和位置，效果如图 4-369 所示。

6. 单击【图层】菜单栏，打开【新建图层】对话框，将图层名称更名为 "天空 "，单击【确定】按钮。

7. 首先执行【文件】→【打开】命令，打开一张风景图片，单击矩形选区工具，在风景图层的树部分选定一区域，如图 4-370 所示。

8. 在风景图层上执行【编辑】→【拷贝】命令，将选区内的树复制，然后回到背景画布上，执行【编辑】→【粘贴】命令，将树粘贴到背景画布上，如图 4-371 所示。

图4-368　在云的图层中进行框选

图4-369　置入天空图层

图4-370　框选树区域

图4-371　置入树的图层

9．执行【编辑】→【自由变换】命令，然后按住 Shift 键进行等比例放大，最后移动调整树的位置，效果如图 4-372 所示。

10．在工具箱中选择橡皮擦工具图标 ，然后在橡皮擦的控制面板中进行设置，选择大小为 200 的画笔，如图 4-373 所示，同时将【不透明度】设置为 50。

图4-372　调整树的位置

图4-373　设置橡皮擦工具

11．将调整好的橡皮擦工具移动到树的图层上，对其边缘逐步进行虚化，最终效果如图 4-374 所示。

4.4.2　草坪及花的处理

1．首先执行【文件】→【打开】命令，打开另一张风景图片，单击矩形选区工具，在风景图层中将大部分树林和小红房子框选，如图 4-375 所示。

2．在风景图层上执行【编辑】→【拷贝】命令，然后回到背景画布上，执行【编辑】→【粘贴】命令，再执行【编辑】→【自由变换】命令，逐步调整树林的大小和位置，效果如图 4-376 所示。

图4-374　虚化处理树的边缘

图4-375　框选树和小房子

3．在工具箱中选择橡皮擦工具图标 ✐，在橡皮擦的控制面板中进行设置，选择大小为 300 的画笔，同时将【不透明度】设置为 30，然后将调整好的橡皮擦工具移动到树林的图层上，对边缘进行柔化，使之与背景云层更好地融合，效果如图 4-377 所示。

图4-376　置入树林图层

图4-377　柔化处理树林边缘

4．首先执行【文件】→【打开】命令，打开另一张风景的图片，单击矩形选区工具图标 ▣，在风景图层中将大部分绿色的草坪框选，选区大小如图 4-378 所示。

5. 在风景图层上执行【编辑】→【拷贝】命令，将选区内的草坪进行复制，然后回到背景画布上，执行【编辑】→【粘贴】命令，完成粘贴，如图 4-379 所示。

6. 执行【编辑】→【自由变换】命令，然后按住 Shift 键进行等比例放大，最后移动调整草坪的位置，效果如图 4-380 所示。

图4-378　框选草坪

图4-379　置入草坪图层

7. 在绿色草坪图层上执行【编辑】→【拷贝】命令，将草坪进行复制，然后回到背景画布上，执行【编辑】→【粘贴】命令，完成粘贴，同时将新复制的图层用鼠标拖动到原草坪的下面。

8. 执行【编辑】→【自由变换】命令，然后按住 Shift 键进行等比例放大，最后移动调整草坪的位置。

9. 在工具箱中选择橡皮擦工具图标 ✐，在橡皮擦的控制面板中进行设置，选择大小为 100 的画笔，同时将【不透明度】设置为 88，然后按图 4-381 所示将草坪擦掉一部分，为之后的路面做准备。

图4-380　调整绿色草坪的位置

图4-381　擦掉部分草坪

10. 执行【文件】→【打开】命令，打开一张黄叶子半边树图片，单击【魔棒】选择工具图标 ✐，在图片的白色区域内单击，并执行【选择】→【反向】命令，再执行【编辑】→【拷贝】命令，将树进行复制，然后回到背景画布上，执行【编辑】→【粘贴】命令，完成粘贴。

11. 执行【编辑】→【自由变换】命令，然后按住 Shift 键进行等比例缩放，最后移动半边树到画布的右上角，同时在工具箱中选择橡皮擦工具，将边缘的一些杂色擦除，效果如图 4-382 所示。

12. 首先执行【文件】→【打开】命令，打开一张路面图片，在工具箱中单击多边形套索工具，在路面图层中将一小部分进行框选，选区大小如图 4-383 所示。

13. 执行【编辑】→【拷贝】命令，将刚创建的选区内的路面进行复制，然后回到背景画布上，执行【编辑】→【粘贴】命令，完成粘贴，同时将路面的图层用鼠标拖动到草坪的上面。

图4-382　置入黄叶子树图层　　　　　　　　图4-383　框选路面

14. 执行【编辑】→【自由变换】命令，然后按住 Shift 键进行等比例放大，最后移动调整路面的位置与别墅台阶的位置相适应。

15. 在工具箱中选择橡皮擦工具，在橡皮擦的控制面板中进行设置，选择大小为 100 的画笔，同时将【不透明度】设置为 100，然后如图 4-384 所示将路面两边多余的部分擦掉。

16. 选择刚调整好的路面，执行【编辑】→【拷贝】命令，将路面进行复制，然后回到背景画布上，执行【编辑】→【粘贴】命令，同时将新复制的图层用鼠标拖动到原路面的下面。

17. 在工具箱中选择橡皮擦工具，在橡皮擦的控制面板中进行设置，选择大小为 30 的画笔，同时将【不透明度】设置为 80，然后将多余的路面擦掉，同时调整角度，使之与前面的路面相融合，最终效果如图 4-385 所示。

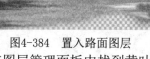

图4-384　置入路面图层　　　　　　　　　图4-385　复制路面

18. 在图层管理面板中找到黄叶子树的图层，然后在按住 Ctrl 键的同时单击图层，将整个图层选中，如图 4-386 所示。

19．执行【编辑】→【拷贝】命令，将刚创建的选区内的黄叶子树进行复制，然后回到背景画布上，执行【编辑】→【粘贴】命令，同时将新复制的图层用光标拖动到原来黄叶子树图层的下面。

20．执行【编辑】→【自由变换】命令，然后按住 Shift 键调整黄叶子半边树的大小，最后将其移动到原来树的下面。

21．在工具箱中选择橡皮擦工具，在橡皮擦的控制面板中进行设置，选择大小为 100 的画笔，同时将【不透明度】设置为 100，然后擦除黄叶子树多余的部分，最终效果如图 4-387 所示。

图4-386　选中黄叶子树图层　　　　　　　　图4-387　置入树的图层

22．首先打开一张郁金香图片，将其中的一部分进行框选，执行【编辑】→【拷贝】命令，然后回到背景画布上，执行【编辑】→【粘贴】命令。

23．执行【编辑】→【自由变换】命令，然后按住 Shift 键调整郁金香的大小，最后将其移动到草坪的前面。

24．在工具箱中选择橡皮擦工具，在橡皮擦的控制面板中进行设置，选择大小为 100 的画笔，同时将【不透明度】设置为 50，然后擦除郁金香多余的部分，同时将另外的路面位置清理出来，如图 4-388 所示。

25．选择刚才的路面，执行【编辑】→【拷贝】命令，然后回到背景画布上，执行【编辑】→【粘贴】命令，再执行【编辑】→【自由变换】命令，调整路面大小和位置如图 4-389 所示。

图4-388　置入郁金香图层　　　　　　　　图4-389　调整路面的大小和位置

26．重复上述操作，再复制一段路面，调整其大小和位置如图 4-390 所示。

4.4.3　近景的处理

1．打开一张汽车图片，单击【魔棒】选择工具图标，在汽车图片的蓝色区域内单击，执行【选择】命令，并执行【选择】→【反向】命令，再执行【编辑】→【拷贝】命令，然后回到背景画布上，执行【编辑】→【粘贴】命令。

2．执行【编辑】→【自由变换】命令，然后按住 Shift 键调整汽车的大小，最后将其移动到路面上，如图 4-391 所示。

图4-390　复制及调整路面　　　　　　　　　　图4-391　置入汽车图层

3．首先执行【文件】→【打开】命令，打开一张带有人物的风景图片，在工具箱中单击套索工具，在图片中将人物进行选择，选区大小如图 4-392 所示。

4．执行【编辑】→【拷贝】命令，将刚创建的选区内的人物进行复制，然后回到背景画布上，执行【编辑】→【粘贴】命令。执行【编辑】→【自由变换】命令，按住 Shift 键调整人物图片的大小，最后将其移动到画布的左下角，如图 4-393 所示。

图4-392　选择人物图片　　　　　　　　　　　图4-393　置入人物图层

5．执行【文件】→【打开】命令，再打开一张带有人物的图片，在工具箱中单击【多边形套索】工具图标，在图片上沿人物的边缘进行选择，选区大小如图 4-394 所示。

6．执行【编辑】→【拷贝】命令，将刚创建的选区内的人物进行复制，然后回到背景画布上，执行【编辑】→【粘贴】命令。执行【编辑】→【自由变换】命令，按住 Shift 键调整人物图片的大小，最后将其移动到画布的右边，如图 4-395 所示。

7. 打开一张球状树的图片，将其全部选中，执行【编辑】→【拷贝】命令，然后回到背景画布上，执行【编辑】→【粘贴】命令，如图 4-396 所示。

图4-394 创建选区

图4-395 置入人物图层

8. 首先执行【编辑】→【自由变换】命令，然后逐步调整球状树的大小和位置，结果如图 4-397 所示。

图4-396 置入球状树图层

图4-397 调整球状树的大小和位置

9. 将调整好的球状树选择，执行【编辑】→【拷贝】命令将其复制，然后执行【编辑】→【粘贴】命令，再执行【编辑】→【自由变换】命令，将复制的球状树缩小，最终将其放在如图 4-398 所示的位置。

10. 重新打开一张绿树的图片，将其全部选中，执行【编辑】→【拷贝】命令，然后回到背景画布上，执行【编辑】→【粘贴】命令，如图 4-399 所示。

图4-398 置入复制球状树图层

图4-399 置入新树层

11. 执行【编辑】→【自由变换】命令，然后将新树缩小并放置在别墅的左边。在工具箱中选择橡皮擦工具图标 ，然后在橡皮擦的控制面板中进行设置，选择大小为 100 的画笔，同时将【不透明度】设置为 50。将调整好的橡皮擦工具移动到新树上进行边缘的虚化处理，以便于更好地与其他背景融合，最终效果如图 4-400 所示。

12. 打开一张石头装饰的图片，将其全部选中，执行【编辑】→【拷贝】命令，然后回到背景画布上，执行【编辑】→【粘贴】命令，如图 4-401 所示。

图4-400　虚化处理新树　　　　　　　　　　　　图4-401　置入石头图层

13. 执行【编辑】→【自由变换】命令，然后将石头装饰进行缩小并将其摆放在别墅的门口左边，如图 4-402 所示。

14. 采用同样的方法，打开另外一张石头装饰的图片，将其全部选中，执行【编辑】→【拷贝】命令，然后回到背景画布上，执行【编辑】→【粘贴】命令，再执行【编辑】→【自由变换】命令，将石头装饰进行缩小并将其摆放在别墅的门口右边，如图 4-403 所示。

图4-402　调整石头大小及位置　　　　　　　　　　图4-403　置入新石头图层

15. 执行【文件】→【存储为】命令，将文件保存为"别墅.psd"，本例制作完毕。

4.5 案例欣赏

图4-404　案例欣赏1

图4-405　案例欣赏2

图 4-406　案例欣赏 3

图 4-407　案例欣赏 4

图 4-408　案例欣赏 5

图4-409　案例欣赏6

图4-410　案例欣赏7

图4-411　案例欣赏8

图4-412 案例欣赏9

图4-413 案例欣赏10

第 5 章 汽车展厅效果图制作

练习目标

◆ 建模：主要学习【Outline】（轮廓）和【Extrude】（挤出）功能的使用，同时进一步巩固前面所学的知识。
◆ 材质：进一步学习简单材质的赋予和【Raytrace】（光线跟踪）材质的使用。
◆ 灯光：学习使用 IES Sun，同时学习灯光效果的创建。

图5-1　效果图

现场操作

　　本章以汽车展厅为题材，最终效果如图 5-1 所示。效果图色彩和谐，色调统一，内部空间分配合理，展台之外留给参观者的空间让人感觉空间宽广、心情舒畅。展厅的制作流程仍是建模、材质、灯光、渲染。具体步骤将在现场操作中进行详细的讲解。

5.1 展厅模型的创建

5.1.1 展厅整体框架的创建

1. 启动 3DS Max 2016 软件，使用默认设置进行汽车展厅的制作。
2. 执行【Create→Shapes→Arc】（创建→图形→弧）命令，或者直接在【Object Type】

（对象类型）面板中选择【Arc】（弧）并单击，在前视图中创建一个圆弧，对其进行调整，结果如图 5-2 所示。

3. 在【Parameters】（参数）面板中设置圆弧的基本参数，设置【Radius】（半径）为 2203.255，【From】（从）为 54.395、【To】（到）为 125.777，如图 5-3 所示。

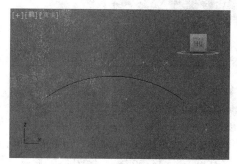

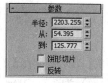

图5-2　创建圆弧　　　　　　　　　　　　　　　　图5-3　设置基本参数

4. 执行【Modifiers→Patch/Spline Editing→Edit Spline】（修改器→面片/样条线编辑→编辑样条线）命令，或者单击【Modify】（修改）选项卡的下拉菜单，从中选择【Edit Spline】（编辑样条线）修改器，进入其子层级选择【Spline】（样条线），如图 5-4 所示。然后在右侧命令面板中选择【Outline】（轮廓）并单击，设置数值为 5，如图 5-5 所示。

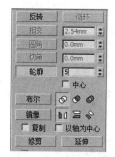

图5-4　选择【样条线】　　　　　　　　　　　　　图5-5　设置【轮廓】数值

5. 执行【Modifiers→Mesh Editing→Extrude】（修改器→网格编辑→挤出）命令，或者单击【Modify】（修改）选项卡的下拉菜单，从中选择【Extrude】（挤出）修改器，然后在右侧【Parameters】（参数）命令面板中设置基本参数，设置【Amount】（数量）为 39.0m，如图 5-6 所示，最终效果如图 5-7 所示。

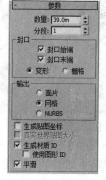

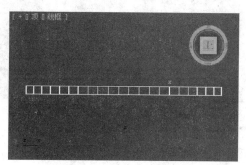

图5-6　设置基本参数　　　　　　　　　　　　　　图5-7　最终效果

6．执行【Create→Standard Primitives→Box】（创建→标准基本体→长方体）命令，在前视图中创建一个长方体，作为墙的立面，如图 5-8 所示。

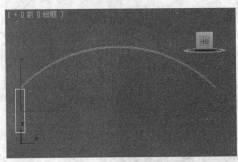

图5-8　创建长方体

7．在右侧的【Parameters】（参数）面板中，设置基本参数【Lenght】（长度）为 196.278mm、【Width】（宽度）为 37.949mm、【Height】（高度）为 44.925mm，如图 5-9 所示。

8．在工具栏中选择【移动】工具 ，对长方体的位置进行调整，如图 5-10 所示。

9．选中新创建的长方体，在工具栏中选择【移动】工具，然后在按住 Shift 键的同时拖动物体，在出现的【Clone Options】（克隆选项）对话框中进行设置，如图 5-11 所示。

10．方法同前，创建一条新的弧线，如图 5-12 所示。

图5-9　设置【参数】面板

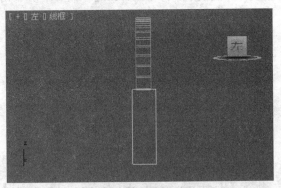

图5-10　移动调整立方体

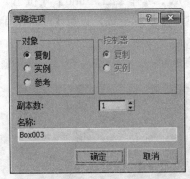

图5-11　设置【克隆选项】面板

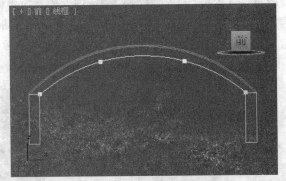

图5-12　创建一条新的弧线

11．执行【Modifiers→Patch/Spline Editing→Edit Spline】（修改器→面片/样条线编辑→编辑样条线）命令，或者单击【Modify】（修改） 选项卡的下拉菜单，从中选择【Edit Spline】（编辑样条线）修改器，进入其子层级选择【Spline】（样条线），然后在右侧命令面板中选择【Outline】（轮廓）并单击，设置数值为-5，结果如图 5-13 所示。

12. 执行【Modifiers→Mesh Editing→ Extr ude】（修改器→网格编辑→挤出）命令，或者单击【Modify】（修改）⬡选项卡的下拉菜单，从中选择【Extr ude】（挤出）修改器，然后在右侧【Parameters】（参数）命令面板中设置基本参数，设置【Amount】（数量）为 39mm，最终效果如图 5-14 所示。

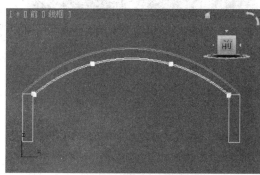
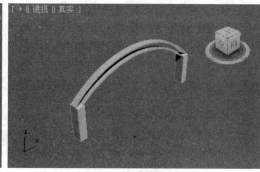

图5-13　添加编辑样条线修改器　　　　　　　图5-14　最终效果

13. 创建圆弧。添加【Edit Spline】（编辑样条线）修改器，设置【Outline】（轮廓）数值，添加【Extr ude】（挤出）修改器，设置【Amount】（数量）为 25mm，结果如图 5-15 所示。

14. 执行【Create→Standard Primitives→Cylinder】（创建→标准基本体→圆柱体）命令，在前视图中创建一个半径为 7 的圆柱体，调整位置如图 5-16 所示。

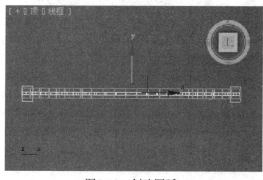

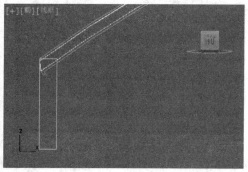

图5-15　创建圆弧　　　　　　　　　　　图5-16　创建一个圆柱体

15. 在工具栏中选择【移动】工具图标✛，进入顶视图中，进一步对圆柱体的位置进行调整，如图 5-17 所示。

16. 选中新创建的圆柱体，在工具栏中选择【移动】工具，然后在按住 Shift 键的同时拖动物体，在出现的【Clone Options】（克隆选项）对话框，设置【Object】（对象）为【Copy】（复制）模式，依次进行复制，结果如图 5-18 所示。

17. 首先选择要被裁剪的物体，执行【Create→Compound→Boolean】（创建→复合对象→布尔）命令，如图 5-19 所示。然后在【Pick Boolean】（拾取布尔）面板中单击【Pick Operand】（拾取操作对象B），如图 5-20 所示。最后移动鼠标到刚建立的圆柱体上单击，完成操作，结果如图 5-21 所示。

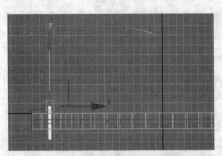

图5-17　调整圆柱体位置

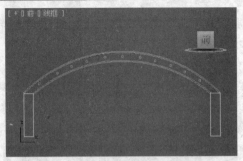

图5-18　移动并复制圆柱体

图5-19　对象类型面板　　　　　　　　　　图5-20　【拾取布尔】面板

18．重复上述操作，在保持【Pick Operand】（拾取操作对象 B）处于激活状态下，依次单击其他的圆柱体，结果如图 5-22 所示。

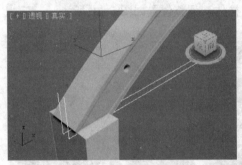

图5-21　布尔运算的结果

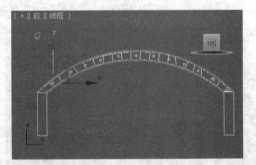

图5-22　多次布尔运算的结果

19．进入物体的实体显示级别，效果如图 5-23 所示。

20．将上面创建的物体选中，在工具栏中选择【旋转】工具，然后在按住 Shift 键的同时旋转物体 90°，在出现的【Clone Options】（克隆选项）对话框中设置【Object】（对象）模式为【Instance】（实例），【Number of Copies】（副本数）设置为 1，结果如图 5-24 所示。

21．将物体全部选中，在工具栏中选择【旋转】工具，然后在按住 Shift 键的同时旋转物体 45°，在出现的【Clone Options】（克隆选项）控制面板中设置【Object】（对象）模式为【Instance】（实例），【Number of Copies】（副本数）设置为 1，最后再重复关联复制一次，结果如图 5-25 所示。

22．进入物体的实体显示级别，效果如图 5-26 所示。

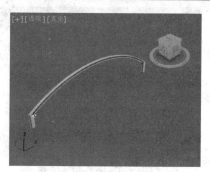

图5-23　实体效果

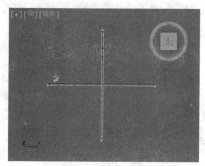

图5-24　旋转复制物体

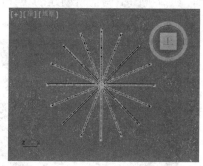

图5-25　重复旋转复制物体

图5-26　最终实体

23．执行【Create→Standard Primitives→Torus】（创建→标准基本体→圆环）命令，在顶视图中创建一个圆环，位置如图 5-27 所示。

24．在工具栏中选择【移动】工具图标，在前视图中调整新创建的【Torus】（圆环）位置，如图 5-28 所示。

25．进入右侧【Parameters】（参数）面板，设置基本参数【Radius 1】（半径 1）为 243.95mm、【Radius 2】（半径 2）为 8mm。

图5-27　创建圆环

图5-28　调整圆环位置

26．执行【Create→Standard Primitives→Torus】（创建→标准基本体→圆环）命令，在顶视图中创建一个圆环，效果如图 5-29 所示。

27．在工具栏中选择【移动】工具图标，在前视图中调整新创建的【Torus】（圆环）位置，如图 5-30 所示。

28．创建第三个圆环。执行【Create→Standard Primitives→Torus】（创建→标准基本体→圆环）命令，在顶视图中创建一个圆环，位置如图 5-31 所示。

图5-29　创建圆环　　　　　　　　　　图5-30　调整圆环位置

29．在工具栏中选择【移动】工具图标 ，在前视图中调整新创建的【Torus】（圆环）位置，如图 5-32 所示。

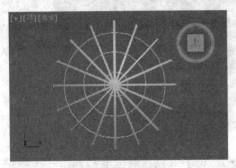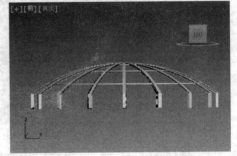

图5-31　创建圆环　　　　　　　　　　图5-32　调整圆环位置

30．进入右侧【Parameters】（参数）面板，设置基本参数【Radius 1】（半径 1）为 1055.194mm、【Radius 2】（宽度）为 8mm。进入物体的实体显示级别，最终效果如图 5-33 所示。

图5-33　实体效果

5.1.2　展厅地面及柱子的创建

1．创建地面。执行【Create→Standard Primitives→Cylinder】（创建→标准基本体→圆柱体）命令，在顶视图中创建一个圆柱体作为展厅的地面，位置如图 5-34 所示。

2．在工具栏中选择【移动】工具图标 ，在前视图中调整新创建的【Cylinder】（圆柱体）位置，如图 5-35 所示。

3．进入右侧【Parameters】（参数)面板，设置基本参数【Radius】（半径)为 1440.6mm，【Height】（高度）为 10mm，【Sides】（边数）为 18，如图 5-36 所示。

4．执行【Create→Standard Primitives→Cylinder】（创建→标准基本体→圆柱体）

命令，在前视图中创建一个圆柱体，作为展厅中心的柱子。

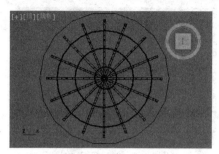

图5-34　创建圆柱体（地面）

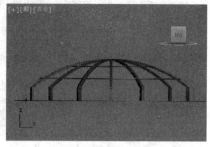

图5-35　调整圆柱体位置

5．在工具栏中选择【移动】工具图标，在前视图中调整新创建的【Cylinder】（圆柱体）位置，如图 5-37 所示。

6．进入右侧【Parameters】（参数）面板，设置基本参数【Radius】（半径）为 41.6mm、【Height】（高度）为 608.0mm、【Sides】（边数）为 17，如图 5-38 所示。

图5-36　设置基本参数

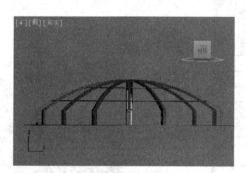

图5-37　调整圆柱体位置

图5-38　设置基本参数

7．执行【Create→Standard Primitives→Cylinder】（创建→标准基本体→圆柱体）命令，在顶视图中创建一个圆柱体，作为展厅中心柱子的柱头，位置如图 5-39 所示。

8．进入右侧【Parameters】（参数）面板，设置基本参数【Radius】（半径）为 63.1mm，【Height】（高度）为 25.4mm、【Sides】（边数）为 18，如图 5-40 所示。

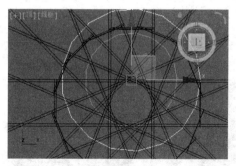

图5-39　创建柱头

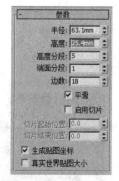

图5-40　设置基本参数

9．在工具栏中选择【移动】工具图标，在前视图中调整新创建的柱头的位置，如图 5-41 所示。

10．执行【Create→Standard Primitives→Cylinder】（创建→标准基本体→圆柱

体）命令，在顶视图中创建一个圆柱体，作为展厅周围的柱子，位置如图 5-42 所示。

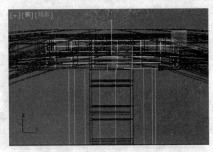

图5-41　调整柱头位置

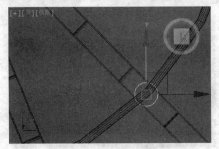

图5-42　创建四周的柱子

11. 进入右侧【Parameters】（参数）面板，设置基本参数【Radius】（半径）为 15.2mm，【Height】（高度）为 482.461mm、【Sides】（边数）为 18，如图 5-43 所示。

12. 在工具栏中选择【移动】工具图标 ，在前视图中调整新创建的柱子的位置，位置如图 5-44 所示。

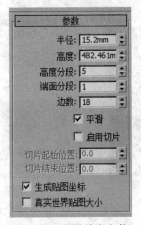

图5-43　设置基本参数

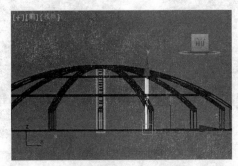

图5-44　调整四周小柱子的位置

13. 执行【Create→Standard Primitives→Cylinder】（创建→标准基本体→圆柱体）命令，在顶视图中创建一个圆柱体，作为展厅四周小柱子的柱头，位置如图 5-45 所示。

14. 进入右侧【Parameters】（参数）面板，设置基本参数【Radius】（半径）为 23.1mm，【Height】（高度）为 23.6mm、【Sides】（边数）为 18，如图 5-46 所示。

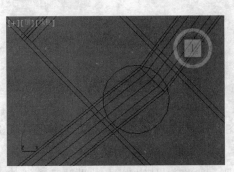

图5-45　创建四周小柱子的柱头

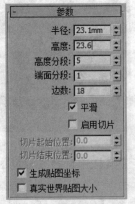

图5-46　设置基本参数

15．在工具栏中选择【移动】工具图标 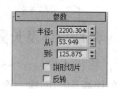，在前视图中调整新创建的四周小柱子柱头的位置，如图 5-47 所示。

16．选中创建好的展厅四周小柱子和柱头，在工具栏中选择【移动】工具，然后在按住 Shift 键的同时拖动物体，完成复制操作，调整位置如图 5-48 所示。

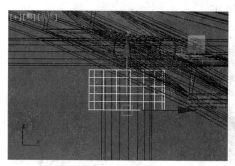
图5-47　调整四周小柱子柱头位置

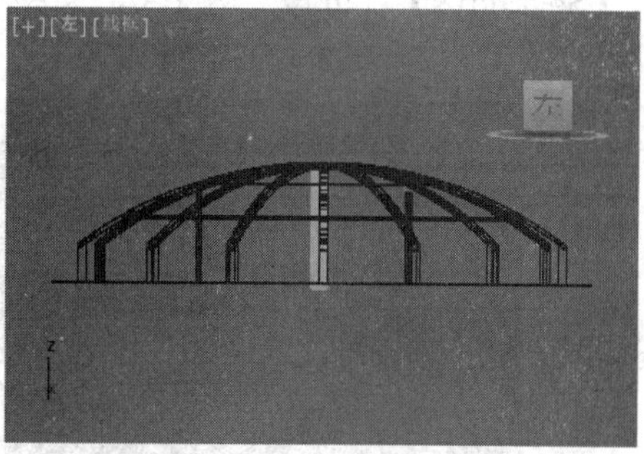

图5-48　移动并复制四周小柱子和柱头

17．将已创建好的展厅四周小柱子和柱头以及刚刚复制完成的柱子及柱头选中，在工具栏中选择【旋转】工具，然后在按住 Shift 键的同时旋转物体，最后完成复制操作，调整位置如图 5-49 所示。

18．进入物体的实体显示级别，效果如图 5-50 所示。

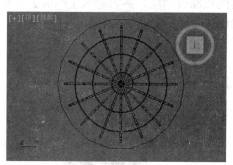
图5-49　旋转并复制四周小柱子和柱头

图5-50　实体效果

19．执行【Create→Shapes→Arc】（创建→图形→弧）命令，或者直接在【Object Type】（对象类型）面板中选择【Arc】（弧）并单击，然后在前视图中创建一个圆弧，对其进行调整，结果如图 5-51 所示。

20．进入【Parameters】（参数）面板，设置圆弧的基本参数【Radius】（半径）为 2200.304，【From】（从）为 53.949，【To】（到）为 125.875，如图 5-52 所示。

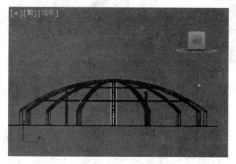
图5-51　创建圆弧

图5-52　设置基本参数

21. 在工具栏中选择【移动】工具图标 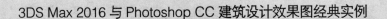，在前视图中调整新创建的圆弧的位置，使之与圆顶相吻合，位置如图 5-53 所示。

22. 首先选择上面调整好位置的圆弧，执行【Modifiers→Patch/Spline Editing→Lathe】（修改器→面片/样条线编辑→车削）命令，并在【Parameters】（参数）面板中设置【Segments】（分段）为100，如图 5-54 所示。

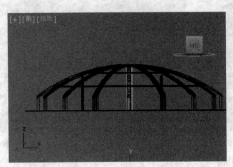

图5-53　调整圆弧位置　　　　　图5-54　设置参数面板

23. 在【Lathe】（车削）修改器的作用下，原来的圆弧旋转成为一个实体，效果如图 5-55 所示。

24. 隐藏顶部玻璃层。选择已经制作完成的顶部玻璃层，然后进入【Hide】（隐藏）面板中，选择【Hide Selected】（隐藏选定对象）命令，如图 5-56 所示，将顶部玻璃隐藏，以利于进行内部的观察。

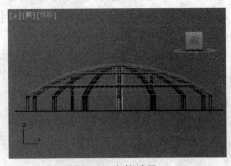

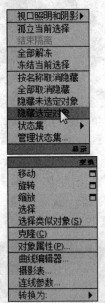

图5-55　实体效果　　　　　图5-56　【隐藏选定对象】面板

5.1.3 展厅墙体及长凳桌台的创建

1. 执行【Create→Standard Primitives→Tube】（创建→标准基本体→管状体）命令，在顶视图中创建一个管状体，作为展厅的墙体，位置如图 5-57 所示。

2. 进入右侧【Parameters】（参数）面板，设置基本参数【Radius 1】（半径 1）为 1353.68mm，【Radius 2】（半径 2）为 1314.931m、【Height】（高度）为 206.018mm、【Sides】（边数）为 100，如图 5-58 所示。

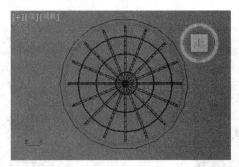 

图5-57　创建圆柱体　　　　　　　　　　　　图5-58　设置基本参数

3. 在工具栏中选择【移动】工具图标，在前视图中调整墙体的位置，使之与圆顶相吻合，位置如图 5-59 所示。

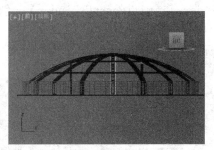

图5-59　调整墙体的位置

4. 复制新【Tube】（管状体）。选中调整过的【Tube】（管状体），在工具栏中选择【移动】工具，然后在按住 Shift 键的同时向上拖动物体，在出现的【Clone Options】（克隆选项）对话框中设置【Object】（对象）模式为【Copy】（复制），单击【OK】（确定）按钮完成复制操作，如图 5-60 所示。

5. 进入右侧【Parameters】（参数）面板，设置基本参数【Radius 1】（半径 1）为 1308.189mm、【Radius 2】（半径 2）为 1324.931 mm、【Height】（高度）为 19.6mm、【Sides】（边数）为 100，如图 5-61 所示。

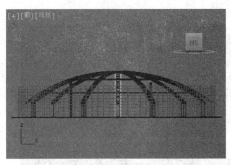 

图5-60　复制管状体　　　　　　　　　　　　图5-61　设置基本参数

6. 新复制的【Tube】（管状体）经过基本参数的重新设置，效果如图 5-62 所示。

259

7. 选择经过基本参数重设的【Tube】（管状体），在工具栏中选择【移动】工具，在按住【Shift】键的同时拖动【Tube】（管状体），在出现的【Clone Options】（克隆选项）对话框中设置【Object】（对象）模式为【Copy】（复制），【Number of Copies】（副本数）设置为 3，如图 5-63 所示。

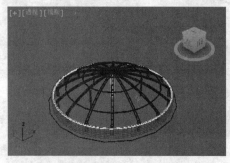

图5-62　参数调整后的管状体

图5-63　设置克隆选项面板

8. 完成关联复制操作，最终效果如图 5-64 所示。

9. 执行【Create→Standard Primitives→Cylinder】（创建→标准基本体→圆柱体）命令，在顶视图中创建一个圆柱体。

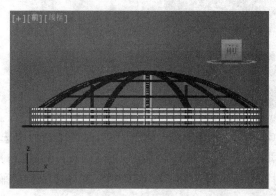

图5-64　最终效果

10. 进入右侧【Parameters】（参数）面板，设置基本参数【Radius】（半径）为 233.0mm、【Height】（高度）为 137mm、【Sides】（边数）为 18，如图 5-65 所示。

11. 在工具栏中选择【移动】工具图标✛，在前视图中调整圆柱体的位置，使之与地面相吻合，位置如图 5-66 所示。

图5-65　设置基本参数

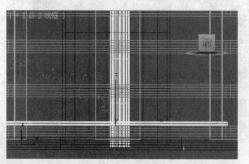

图5-66　调整位置

12. 执行【Create→Shapes→Arc】（创建→图形→弧）命令，或者直接在【Object Type】（对象类型）面板中选择【Arc】（弧）并单击，然后在顶视图中创建一个圆弧，对其进行调整，结果如图 5-67 所示。

13. 进入【Parameters】（参数）面板，设置圆弧的基本参数【Radius】（半径）为 299.0mm、【From】（从）为 295.098mm、【To】（到）为 33.249mm，如图 5-68 所示。

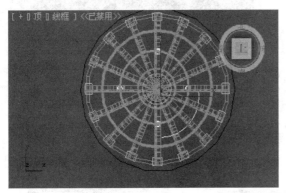

图5-67 创建圆弧   图5-68 设置基本参数

14. 执行【Modifiers→Patch/Spline Editing→Edit Spline】（修改器→面片/样条线编辑→编辑样条线）命令，或单击【Modify】（修改）选项卡下拉菜单，从中选择【Edit Spline】（编辑样条线）修改器，进入其子层级选择【Spline】（样条线），然后在右侧命令面板中选择【Outline】（轮廓）并单击，设置数值为 35，如图 5-69 所示，效果如图 5-70 所示。

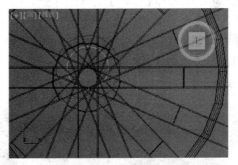

图5-69 设置【轮廓】数值   图5-70 使用轮廓的效果

15. 执行【Modifiers→Mesh Editing→Extr ude】（修改器→网格编辑→挤出）命令，或者单击【Modify】（修改）选项卡的下拉菜单，从中选择【Extr ude】（挤出）修改器，然后在右侧【Parameters】（参数）命令面板中设置基本参数，设置【Amount】（数量）为 17.5mm，如图 5-71 所示，最终效果如图 5-72 所示。

16. 执行【Create→Standard Primitives→Cylinder】（创建→标准基本体→圆柱体）命令，在顶视图中创建一个圆柱体，作为长凳的支撑，调整位置如图 5-73 所示。

17. 进入右侧【Parameters】（参数）面板，设置基本参数【Radius】（半径）为 3mm、

【Height】（高度）为 66mm、【Sides】（边数）为 18，如图 5-74 所示。

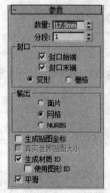

图5-71 设置【数量】数值

图5-72 最终效果

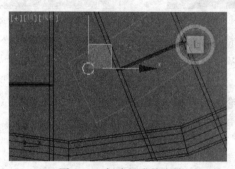

图5-73 创建长凳的支撑

图5-74 设置基本参数

18. 在工具栏中选择【移动】工具图标，在左视图中调整新创建的【Cylinder】（圆柱体）位置，使之与长凳的板面相吻合，位置如图 5-75 所示。

19. 选取经过位置调整的圆柱体，在工具栏中选择【移动】工具，在按住 Shift 键的同时拖动圆柱体，单击【OK】（确定）按钮完成复制操作，经过多次复制并调整位置，结果如图 5-76 所示。

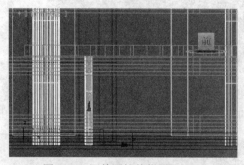

图5-75 调整圆柱体位置

图5-76 复制并调整圆柱体

20. 方法同上，将长凳再复制一个，如图 5-77 所示。

21. 在工具栏中选择【移动】工具图标，在顶视图中调整新复制的长凳位置，使之与圆形的台面相吻合，如图 5-78 所示。

22．执行【Create→Shapes→Arc】（创建→图形→弧）命令，或者直接在【Object Type】（对象类型）面板中选择【Arc】（弧）并单击，在顶视图中创建一个圆弧，对其进行调整，结果如图 5-79 所示。

23．在【Parameters】（参数）面板中设置圆弧的基本参数：【Radius】（半径）为266.0，【From】（从）为 177.927，【To】（到）为 262.341，如图 5-80 所示。

24．执行【Modifiers→Patch/Spline Editing→Edit Spline】（修改器→面片/样条线编辑→编辑样条线）命令，或者单击【Modify】（修改）选项卡的下拉菜单，从中选择【Edit Spline】（编辑样条线）修改器，进入其子层级选择【Spline】（样条线），然后在右侧命令面板中选择【Outline】（轮廓）并单击，设置数值为 58，如图 5-81 所示。

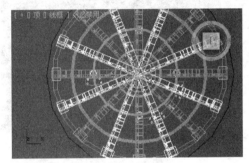

图5-77　复制长凳

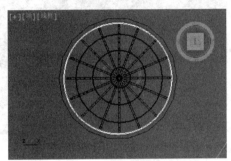

图5-78　调整长凳的位置

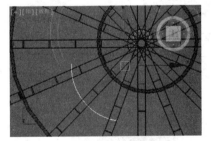

图5-79　创建圆弧

图5-80　设置基本参数

图5-81　设置【轮廓】数值

25．执行【Modifiers→Mesh Editing→ Extr ude】（修改器→网格编辑→挤出）命令，或者单击【Modify】（修改）选项卡的下拉菜单，从中选择【Extr ude】（挤出）修改器，然后在右侧【Parameters】（参数）命令面板中设置基本参数，设置【Amount】（数量）为 140mm，如图 5-82 所示，最终效果如图 5-83 所示。

图5-82　设置【数量】数值

图5-83　最终效果

26. 将桌台大小进行调整，选中调整过的桌台，在工具栏中选择【移动】工具，然后在按住 Shift 键的同时向上拖动物体，在出现的【Clone Options】（克隆选项）对话框中设置【Object】（对象）模式为【Copy】（复制），单击【OK】（确定）按钮完成复制操作。然后重新设置其基本参数作为桌面，效果如图 5-84 所示。

27. 选择经过基本参数重设的桌面，在工具栏中选择【移动】工具，在按住 Shift 键的同时拖动桌面，在出现的【Clone Options】（克隆选项）对话框中设置【Object】（对象）模式为【Instance】（实例）、【Number of Copies】（副本数）为 4，结果如图 5-85 所示。

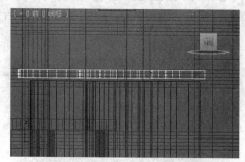

图5-84　桌面的创建与调整

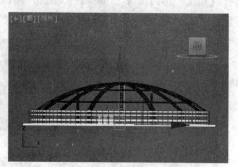

图5-85　移动并复制桌面

5.1.4　展厅柱子附件及摄像机的创建

1. 执行【Create→Standard Primitives→Tube】（创建→标准基本体→管状体）命令，在顶视图中创建一个管状体，作为展厅的墙体，位置如图 5-86 所示。

2. 进入右侧【Parameters】（参数）面板，设置基本参数【Radius 1】（半径 1）为 147mm、【Radius 2】（半径 2）为 138.0mm、【Height】（高度）为 92.8mm、Sides】（边数）为 100，如图 5-87 所示。

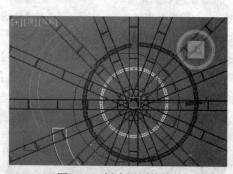

图5-86　创建展厅的墙体

图5-87　设置基本参数

3. 在工具栏中选择【移动】工具图标，在左视图中调整【Tube】（管状体）的位置，使之与展厅中心的柱子互相协调，位置如图 5-88 所示。

4. 执行【Create→Standard Primitives→Box】（创建→标准基本体→长方体）命令，在顶视图中创建一个长方体，作为【Tube】（管状体）的支撑，如图 5-89 所示。

5. 在右侧【Parameters】（参数）面板中，设置基本参数【Length】（长度）为 2.34mm、【Width】（宽度）为 279.0mm、【Height】（高度）为 77.6mm，如图 5-90 所示。

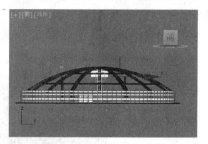

图5-88　调整管状体位置

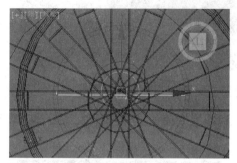

图5-89　创建长方体

图5-90　设置【参数】面板

6. 在工具栏中选择【移动】工具图标 ，对长方体的位置进行调整，如图 5-91 所示。

7. 选中新创建的长方体，在工具栏中选择【旋转】工具，然后在按住 Shift 键的同时旋转物体 90°，完成旋转复制，效果如图 5-92 所示。

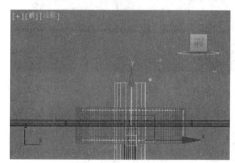

图5-91　调整长方体位置

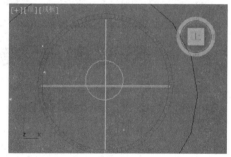

图5-92　旋转并复制长方体

8. 进入物体的实体显示级别，效果如图 5-93 所示。

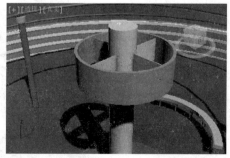

图5-93　实体效果

9. 执行【Create→Cameras→Target Camera】（创建→摄像机→目标摄像机） 命令，如图 5-94 所示。

10. 在左视图中创建摄像机，位置如图 5-95 所示。

11. 在工具栏中选择【移动】工具图标✛，在顶视图中调整新创建的摄像机位置，如图 5-96 所示。

图5-94　选择【目标摄像机】

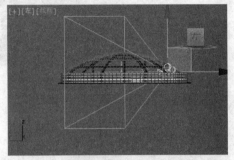

图5-95　创建摄像机

12. 在单个视图的左上角单击鼠标右键，弹出下拉菜单，在出现的下拉菜单中单击【Views】（视点），在其子菜单中选择【Camera】（摄像机）并单击，这样视图的模式就转化为摄像机视图，如图 5-97 所示。

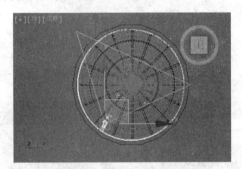

图5-96　调整摄像机位置

图5-97　摄像机视图

5.1.5 展厅展台及文字的创建

1. 执行【Create→Standard Primitives→Cylinder】（创建→标准基本体→圆柱体）命令，在顶视图中创建一个圆柱体，作为展台的台面，位置如图 5-98 所示。

2. 在工具栏中选择【移动】工具图标✛，在前视图中调整新创建的展台的位置，如图 5-99 所示。

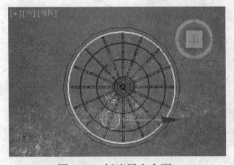

图5-98　创建展台台面

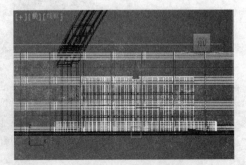

图5-99　调整展台位置

3. 选中创建好的展台台面，在工具栏中选择【移动】工具，然后在按住 Shift 键的同时拖动物体，单击【OK】（确定）按钮完成复制操作。调整位置如图 5-100 所示，多次重复复制展台，结果如图 5-101 所示。

4．执行【Create→Standard Primitives→Tube】（创建→标准基本体→管状体）命令，在顶视图中创建一个管状体，作为展台的边装饰，位置如图 5-102 所示。

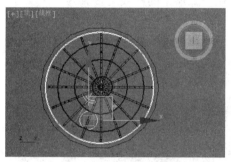 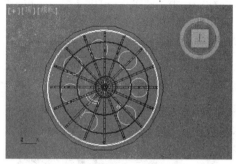

图5-100　关联复制展台　　　　　　　　　　　　图5-101　重复复制展台

5．在工具栏中选择【移动】工具图标，在前视图中调整展台边装饰的位置，结果如图 5-103 所示。

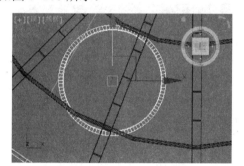 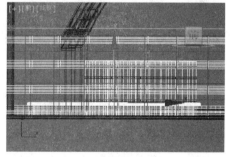

图5-102　创建管状体展台的边装饰　　　　　　　图5-103　调整位置展台边装饰

6．重复上述操作，再在顶视图中创建一个【Tube】（管状体），位置如图 5-104 所示，在工具栏中选择【移动】工具图标，在前视图中调整展台边装饰位置，结果如图 5-105 所示。

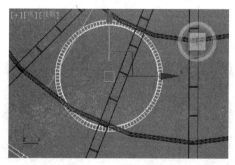 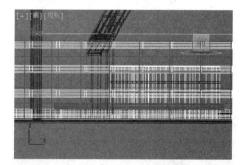

图5-104　创建管状体　　　　　　　　　　图5-105　调整新创建的展台边装饰位置

7．执行【Create→Standard Primitives→Torus】（创建→标准基本体→圆环）命令，在顶视图中创建一个圆环，位置如图 5-106 所示。

8．选中创建好的【Torus】（圆环），在工具栏中选择【移动】工具，然后在按住 Shift 键的同时拖动物体，最后单击【OK】（确定）按钮完成复制操作，调整位置如图 5-107 所示。

9. 执行【Create→Shapes→Line】（创建→图形→线）命令，在左视图中创建一条如图 5-108 所示的曲线。

10. 首先选择创建好的曲线，执行【Modifiers→Patch/Spline Editing→Lathe】（修改器→面片/样条线编辑→车削）命令，并在【Parameters】（参数）面板中设置【Segments】（分段）为 36。通过【Lathe】（车削）修改器的作用下，原来的曲线旋转成为一个实体，作为栏杆，如图 5-109 所示。

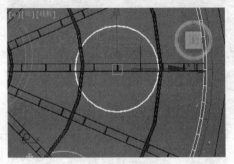

图5-106　创建圆环

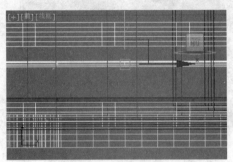

图5-107　移动并复制圆环

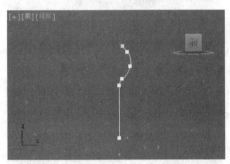

图5-108　创建曲线

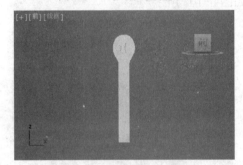

图5-109　曲线旋转成为实体

11. 选中创建好的栏杆，在工具栏中选择【移动】工具，然后在按住 Shift 键的同时拖动物体，设置【Number of Copies】（副本数）为 4，完成复制操作，调整位置如图 5-110 所示。

12. 重复上述操作，将护栏和栏杆都选中，在工具栏中选择【移动】工具，然后在按住 Shift 键的同时拖动物体，设置【Number of Copies】（副本数），最后单击【OK】（确定）按钮完成复制操作，调整位置如图 5-111 所示。

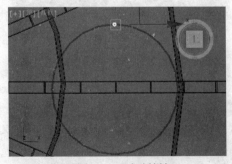

图5-110　复制栏杆

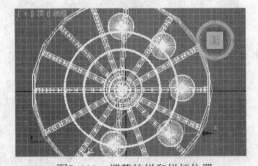

图5-111　调整护栏和栏杆位置

13. 执行【Create→Shapes→Text】（创建→图形→文本）命令，或者直接在【Object

Type】（对象类型）面板中选择【Text】（文本），如图 5-112 所示。

14. 进入【Parameters】（参数）面板，在【Text】（文本）下面输入"BMW"，如图 5-113 所示。

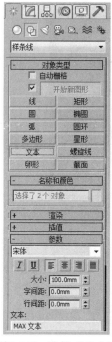

图5-112　选择【文本】　　　　　　　　　　　　图5-113　设置【参数】面板

15. 执行【Modifiers→Mesh Editing→ Extr ude】（修改器→网格编辑→挤出）命令，或者单击【Modify】（修改）选项卡的下拉菜单，从中选择【Extr ude】（挤出）修改器，然后在右侧【Parameters】（参数）命令面板中设置基本参数，设置【Amount】（数量）为 4.2mm，如图 5-114 所示。同时在工具栏中选择【移动】工具，调整文字的位置，结果如图 5-115 所示。

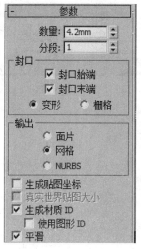

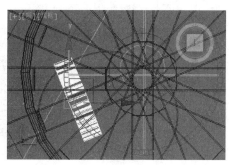

图5-114　设置【数量】数值　　　　　　　　　　图5-115　调整文字位置

16．进入物体的实体显示级别，效果如图 5-116 所示。

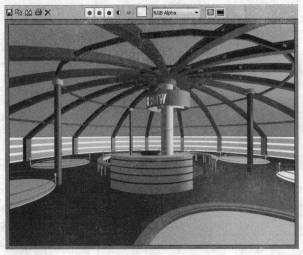

图5-116　实体效果

5.1.6　展厅彩色装饰带及吊灯的创建

1．执行【Create→Standard Primitives→Torus】（创建→标准基本体→圆环）命令，在顶视图中创建一个圆环，位置如图 5-117 所示。

2．在工具栏中选择【移动】工具图标 ，在前视图中调整新创建的【Torus】（圆环）位置，同时利用【旋转】工具将其倾斜，如图 5-118 所示。

3．选中调整好的【Torus】（圆环），在工具栏中选择缩放工具，在按住 Shift 键的同时缩放物体，设置【Number of Copies】（副本数）为 9，完成复制操作，调整位置如图 5-119 所示。

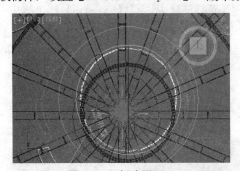

图5-117　创建圆环

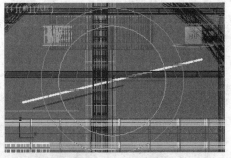

图5-118　调整圆环位置

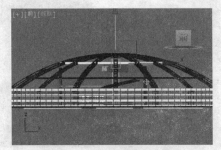

图5-119　缩放复制管状体

4. 执行【Create→Standard Primitives→Cylinde】（创建→标准基本体→圆柱体）命令，在顶视图中创建一个圆柱体，作为彩色装饰带的支撑，位置如图 5-120 所示。

5. 在工具栏中选择【移动】工具图标 ，在前视图中调整新创建的圆柱体的位置，如图 5-121 所示。

6. 选中创建好的圆柱体，在工具栏中选择【移动】工具，然后在按住 Shift 键的同时拖动物体，设置【Number of Copies】（副本数）为 2，单击【OK】（确定）按钮完成复制操作。

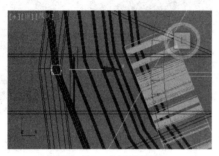
图5-120　创建圆柱体

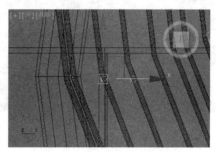
图5-121　调整圆柱体位置

7. 重复上述操作，经过多次复制与调整，圆柱体最终位置如图 5-122 所示。

8. 进入物体的实体显示级别，效果如图 5-123 所示。

图5-122　圆柱体最终位置

图5-123　实体效果

9. 执行【Create→Shapes→Line】（创建→图形→线）命令，在【Front】（前）视图中创建一条如图 5-124 所示的曲线。

10. 选择创建好的曲线，执行【Modifiers→Patch/Spline Editing→Lathe】（修改器→面片/样条线编辑→车削）命令，并在【Parameters】（参数）面板中设置【Segments】（分段）为 16，如图 5-125 所示。

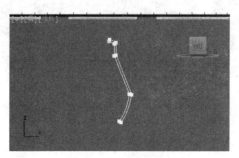
图5-124　创建曲线

图5-125　设置【参数】面板

11. 在【Lathe】（车削）修改器的作用下，原来的曲线旋转成为一个实体，作为吊灯，旋转效果如图 5-126 所示。

12. 进入前视图中，再次创建一条曲线，如图 5-127 所示。然后添加【Lathe】（车削）修改器，使创建的曲线成为一个实体，作为吊灯的灯杆，结果如图 5-128 所示。

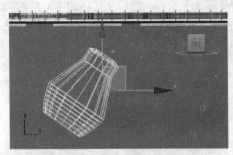

图5-126　旋转效果　　　　　　　　　　图5-127　创建新曲线

13. 在工具栏中选择【移动】工具图标 ✛，在透视图中调整新创建的吊灯的位置，结果如图 5-129 所示。

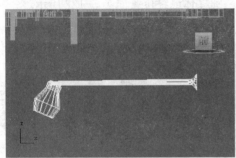
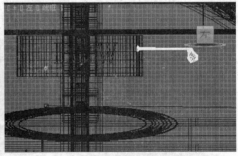

图5-128　创建吊灯　　　　　　　　　　图5-129　调整吊灯位置

14. 选中调整好的吊灯，在工具栏中选择【移动】工具，然后在按住 Shift 键的同时拖动物体，设置【Number of Copies】（副本数）为 2，单击【OK】（确定）按钮完成复制操作，调整位置如图 5-130 所示。

15. 进入物体的实体显示级别，效果如图 5-131 所示。

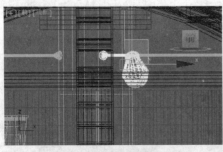

图5-130　关联复制吊灯　　　　　　　　图5-131　实体效果

16. 调整吊灯外形的曲线变化，同时调整灯头与灯杆的角度关系，用同样的方法完成其他吊灯的制作，结果如图 5-132 所示。

17. 整个展厅的模型创建工作已经完成，使用快捷键 F9 或者 Shift+Q 进行快速渲染，效果如图 5-133 所示。

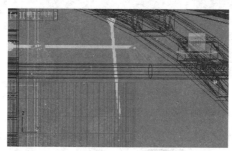

图5-132　创建小吊灯

图5-133　快速渲染效果

5.2 展厅材质的赋予

5.2.1 展厅地面、柱子及展台材质的创建

1. 将材质切换到标准材质，选择一个新的材质球，单击【Diffuse】（漫反射）后面的【None】（无）按钮，打开【Material/Map Browser】（材质/贴图浏览器）面板，从中选择【Bitmap】（位图）并单击，打开【Select Bitmap Image File】（选择位图图像文件）面板，从中选择一种石材，如图 5-134 所示，完成打开操作。

2. 在【Coordinates】（坐标）面板中对其基本参数进行设置，设置【Tiling】（瓷砖）为 10.0，【Blur】（模糊）为 0.5，如图 5-135 所示。

3. 单击【Go to Parent】（转到父对象）按钮🔳，回到上层命令面板进行设置，设置【Specular Level】（高光级别）为 44、【Glossiness】（光泽度）为 52，如图 5-136 所示。

4. 单击【Maps】（贴图）前面的加号（+），在其下拉菜单中单击【Reflection】（反射）后面的【None】（无）按钮，然后从中选择"反射"，将其数值设置为 14，如图 5-137

所示。

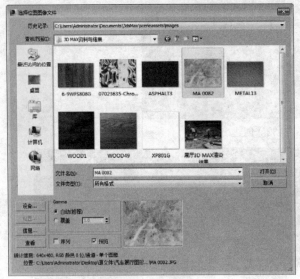

图5-134　选取石材

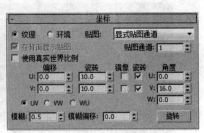

图5-135　设置坐标面板

5. 地面材质的最终效果如图 5-138 所示。

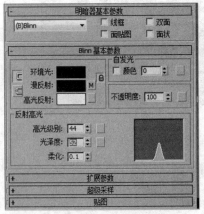

图5-136　设置【明暗器基本参数】面板

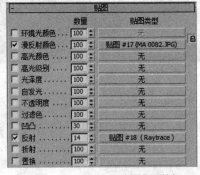

图5-137　设置【贴图】面板

图5-138　地面材质

6. 选择地面，单击图标，将材质赋予地面，完成地面材质的制作。

7. 选择一个新的材质球，单击【Diffuse】（漫反射）后面的【None】（无）按钮，打开【Material/Map Browser】（材质/贴图浏览器）面板，从中选择【Bitmap】（位图）并单击，打开【Select Bitmap Image File】（选择位图图像文件）面板，从中选择一种新石材，如图 5-139 所示，完成打开操作。

8. 在【Coordinates】（坐标）面板中对其基本参数进行设置，设置【Tiling】（瓷砖）为1.0、【Blur】（模糊）为1.0，如图 5-140 所示。

9. 单击【Go to Parent】（转到父对象）按钮，回到上层命令面板，然后进行设置，设置【Specular Level】（高光级别）为111、【Glossiness】（光泽度）为46，如图 5-141 所示。

10. 柱子材质的最终效果如图 5-142 所示。

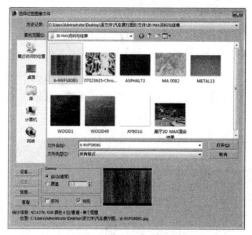

图5-139　选取新石材

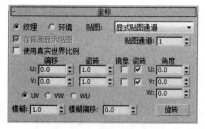

图5-140　设置【坐标】面板

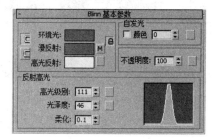

图5-141　设置【Blinn 基本参数】面板

图5-142　柱子材质

11. 选择柱子及柱头，单击图标 ，将材质赋予物体，完成柱子材质的制作。

12. 选择一个新的材质球，单击【Diffuse】（漫反射）后面的【None】（无）按钮，打开【Material/Map Browser】（材质/贴图浏览器）面板，从中选择【Bitmap】（位图）并单击，打开【Select Bitmap Image File】（选择位图图像文件）面板，从中选择一种新石材，如图 5-143 所示，完成打开操作。

13. 在【Coordinates】（坐标）面板中对其基本参数进行设置，设置【Tiling】（瓷砖）为 0.2、【Blur】（模糊）为 1.0，如图 5-144 所示。

图5-143　选取新石材

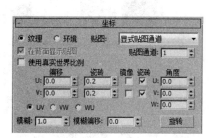

图5-144　设置【坐标】面板

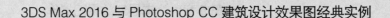

14．单击【Go to Parent】（转到父对象）按钮，回到上层命令面板，然后进行设置，设置【Specular Level】（高光级别）为154，【Glossiness】（光泽度）为64，如图5-145所示。

15．单击【Maps】（贴图）前面的加号（+），在其下拉菜单中单击【Reflection】（反射）后面的【None】（无）按钮，然后从中选择"反射"，将其数值设置为20，如图5-146所示。

16．展台材质的最终效果如图5-147所示。

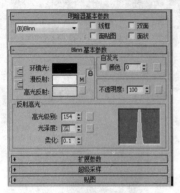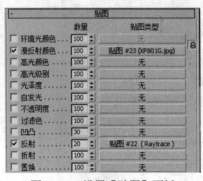

图5-145　设置【明暗器基本参数】面板　　　图5-146　设置【贴图】面板　　　图5-147　展台材质

17．选择展台台面，单击图标，将材质赋予物体，完成展台台面材质的制作。

5.2.2　切换到标准材质

1．选择一个新的材质球，单击【Diffuse】（漫反射）后面的【None】（无）按钮，打开【Material/Map Browser】（材质/贴图浏览器）面板，从中选择【Bitmap】（位图）并单击，然后打开【Select Bitmap Image File】（选择位图图像文件）面板，从中选择一种灰色材质，如图5-148所示，完成打开操作。

2．在【Coordinates】（坐标）面板中对其基本参数进行设置，设置【Tiling】（瓷砖）为5.0、【Blur】（模糊）为1.0，如图5-149所示。

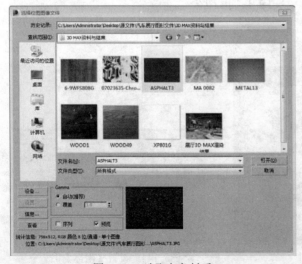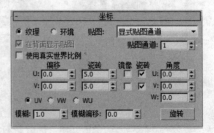

图5-148　选取灰色材质　　　　　　　图5-149　设置【坐标】面板

3. 单击【Go to Parent】（转到父对象）按钮，回到上层命令面板，然后进行设置，在【Shader Basic Parameters】（明暗基本参数）下选择【Metal】（金属），设置【Specular Level】（高光级别）为 19，【Glossiness】（光泽度）为 83，如图 5-150 所示。

4. 单击【Maps】（贴图）前面的加号（+），在其下拉菜单中单击【Reflection】（反射）后面的【None】（无）按钮，然后从中选择"反射"，将其数值设置为 26，如图 5-151 所示。

5. 展厅顶部材质的最终效果如图 5-152 所示。

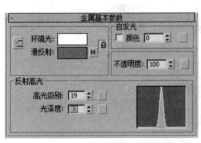 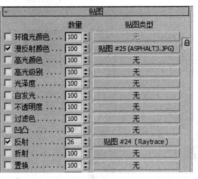 

图5-150　设置【金属基本参数】面板　　　　图5-151　设置【贴图】面板　　　图5-152　展厅顶部材质

6. 选择展厅顶部框架，单击图标，将材质赋予物体，完成顶部材质的制作。

7. 切换到标准材质，选择一个新的材质球，单击【Diffuse】（漫反射）后面的【None】（无）按钮，打开【Material/Map Browser】（材质/贴图浏览器）面板，从中选择【Bitmap】（位图）并单击，打开【Select Bitmap Image File】（选择位图图像文件）面板，从中选择一种木材，如图 5-153 所示，单击打开完成操作。

8. 在【Coordinates】（坐标）面板中对其基本参数进行设置，设置【Tiling】（瓷砖）为 50.0、【Blur】（模糊）为 1.0，如图 5-154 所示。

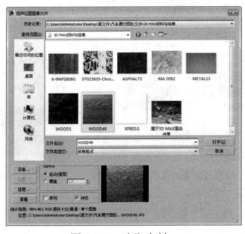

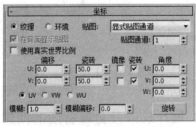

图5-153　选取木材　　　　　　　　图5-154　设置【坐标】面板

9. 展厅墙体材质的最终效果如图 5-155 所示。

10. 选择展厅墙体，单击图标，将材质赋予物体，完成墙体材质的制作。

11. 切换到标准材质，选择一个新的材质球，单击【Diffuse】（漫反射）后面的【None】（无）按钮，打开【Material/Map Browser】（材质/贴图浏览器）面板，从中选择【Bitmap】（位图）并单击，打开【Select Bitmap Image File】（选择位图图像文件）面板，从中选择一种新木材，如图 5-156 所示，完成打开操作。

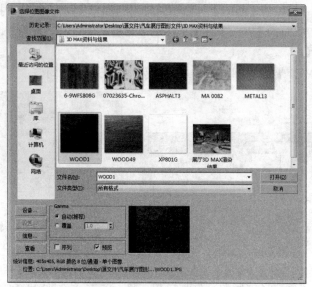

图5-155　墙体材质　　　　　　　　　　图5-156　选取新木材

12. 在【Coordinates】（坐标）面板中对其基本参数进行设置，设置【Tiling】（瓷砖）为 1.0、【Blur】（模糊）为 1.0，如图 5-157 所示。

13. 单击【Go to Parent】（转到父对象）按钮，回到上层命令面板，然后进行设置，如图 5-158 所示。

14. 桌台材质的最终效果如图 5-159 所示。

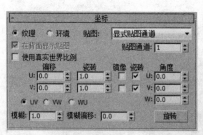

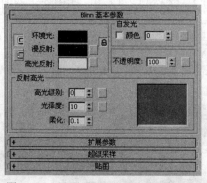

图5-157　设置【坐标】面板　　　　图5-158　设置【Blinn基本参数】面板　　　图5-159　桌台材质

15. 选择桌台，单击图标，将材质赋予物体，完成桌台材质的制作。

5.2.3　展厅玻璃及金属材质的创建

1. 在材质编辑器中选择一个新材质球，单击【standard】（标准）按钮，打开【Material/Map Browser】（材质/贴图浏览器）窗口，从中选择【Raytrace】（光线跟踪），单击进入【Raytrace Basic Parameters】（光线跟踪基本参数）修改面板。

2. 在【Raytrace Basic Parameters】（光线跟踪基本参数）面板中进行参数的设置，如图 5-160 所示。同时进行颜色调整，设置红为 132、绿为 94、蓝为 80（如图 5-161 所示），作为展厅顶部的玻璃材质。

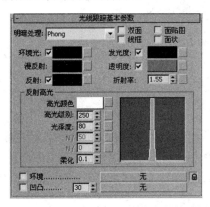
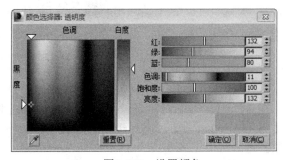

图5-160　设置光线跟踪基本参数面板　　　　　图5-161　设置颜色

3. 展厅顶部玻璃材质的最终效果如图 5-162 所示。

4. 选择展厅顶部玻璃层，单击图标，将材质赋予物体，完成展厅顶部玻璃材质的制作。

图5-162 展厅顶部玻璃材质

5. 选择一个新的材质球，单击【Diffuse】（漫反射）后面的【None】（无）按钮，打开【Material/Map Browser】（材质/贴图浏览器）面板，从中选择【Bitmap】（位图）并单击，打开【Select Bitmap Image File】（选择位图图像文件）面板，从中选择一种金属材质，如图 5-163 所示，完成打开操作。

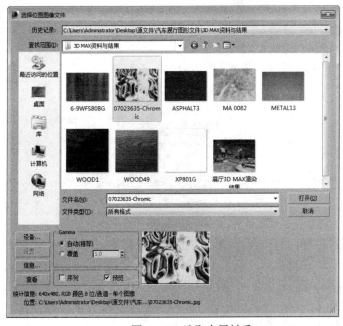

图5-163　选取金属材质

6. 在【Coordinates】（坐标）面板中对其基本参数进行设置，设置【Tiling】（瓷砖）为1.0、【Blur】（模糊）为1.0，如图5-164所示。

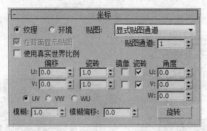

图5-164　设置【坐标】面板

7. 单击【Go to Parent】（转到父对象）按钮，回到上层命令面板，然后进行设置，在【Shader Basic Parameters】（明暗器基本参数）下选择【Metal】（金属），设置【Specular Level】（高光级别）为220、【Glossiness】（光泽度）为87，如图5-165所示。

8. 单击【Maps】（贴图）前面的加号（+），在其下拉菜单中单击【Reflection】（反射）后面的【None】（无）按钮，然后从中选择"反射"，将数值设置为50，如图5-166所示。

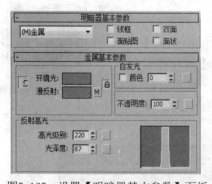

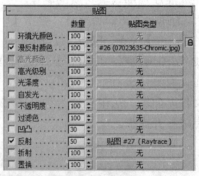

图5-165　设置【明暗器基本参数】面板　　　　图5-166　设置【贴图】面板

9. 栏杆材质的最终效果如图5-167所示。

图5-167　栏杆材质

10. 选择展台栏杆，单击图标，将材质赋予物体，完成展台栏杆材质的制作。

11. 选择一个新的材质球，单击【Diffuse】（漫反射）后面的【None】（无）按钮，打开【Material/Map Browser】（材质/贴图浏览器）面板，从中选择【Bitmap】（位图）并单击，然后打开【Select Bitmap Image File】（选择位图图像文件）面板，从中选择一种金属材质，如图5-168所示，完成打开操作。

12．展厅方柱子材质的最终效果如图 5-169 所示。

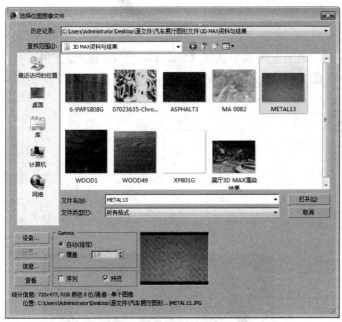

图5-168　选取金属材质

图5-169　方柱子材质

13．选择展厅方柱子，单击图标，将材质赋予物体，完成展厅方柱子材质的制作。

14．打开【Environment Or Effects】（环境或效果）面板，如图 5-170 所示。单击【Background】（背景）后面的【None】（无）按钮，为背景贴一张风景图片。

图5-170　【环境或效果】面板

15．展厅材质的制作已完成，单击 F9 键进行快速渲染。

5.3 展厅灯光的创建

5.3.1 展厅主光源的创建

1. 在【Object Type】（对象类型）面板中选择【Sunlight】（太阳光）并单击，如图 5-171 所示。然后在左视图中创建【Sunlight】（太阳光），位置如图 5-172 所示。

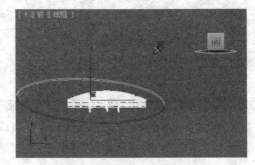

图5-171 选择【太阳光】 　　　　　　图5-172 创建太阳光

2. 在工具栏中选择【移动】工具图标✛，在前视图中调整太阳光的位置，结果如图 5-173 所示。

3. 进入右侧【General Parameters】（常规参数）面板，设置【Intensity】（强度）为1200，将【Shadows】（阴影）勾选并打开投影，同时设置投影的类型为【Composite Shadow】（复合阴影）如图 5-174 所示。

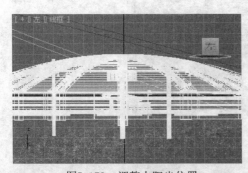

图5-173 调整太阳光位置 　　　　　　图5-174 设置【常规参数】面板

4. 对【Sunlight】（太阳光）进行排除功能设置。在【Exclude/Include】（排除/包含）面板中单击【Exclude】（排除），然后将【Cylinder 01】（圆柱体 01）选中，单击

【OK】（确定）按钮完成操作。

5. 在【Shadow Parameters】（阴影参数）面板中将【Atmosphere Shadows】（大气阴影）打开，设置【Opacity】（不透明度）数值为 40.0，如图 5-175 所示。

6. 执行【Create→Standard Lights→Target Spotlight】（创建→标准→目标聚光灯）命令或在【Object Type】（对象类型）面板中选择【Target Spotlight】（目标聚光灯）并单击，如图 5-176 所示。

7. 在左视图中创建一盏【Target Spot】（目标聚光灯），调整位置如图 5-177 所示。

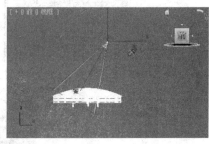

图5-175 设置【阴影参数】面板　　图5-176　选择【目标聚光灯】　　　图5-177　创建聚光灯

8. 在工具栏中选择【移动】工具图标，在前视图中调整【Target Spot】（目标聚光灯）的位置，结果如图 5-178 所示。

9. 在【General Parameters】（常规参数）命令面板中进行设置，设置【Light Type】（灯光类型）为【On】（启用），在【Shadows】（阴影）中将【On】（启用）选中，设置投影模式为【Ray Traced Shadow】（区域阴影），如图 5-179 所示。

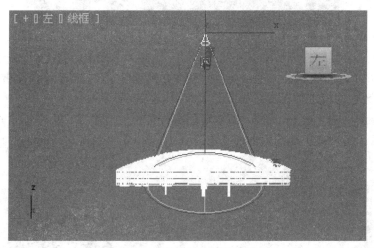

图5-178　调整位置　　　　　　　　　图5-179　设置【常规参数】面板

10. 在【Intensity/Color/Attenuation】（强度/颜色/衰减）面板中，将【Multip】（倍增）数值设置为 0.6，色彩设置为白色，如图 5-180 所示。同时对【Spotlight Parameters】（聚光灯参数）面板和【Shadow Parameters】（阴影参数）面板进行设置，如图 5-181 和图 5-182 所示。

11. 执行【Create→Standard Lights→Target Spotlight】（创建→标准→目标聚光

光灯）命令，在前视图中创建一盏【Target Spot】（目标聚光灯），位置调整如图 5-183 所示。

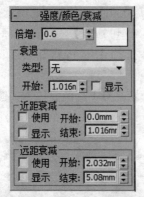

图5-180　设置【强度/颜色/衰减】面板　　　　图5-181　设置【聚光灯参数】面板

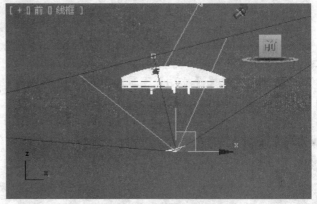

图5-182　设置【阴影参数】面板　　　　　　　　图5-183　创建聚光灯

12. 在【Intensity/Color/Attenuation】（强度/颜色/衰减）面板中，将【Multip】（倍增）数值设置为 0.6，色彩设置为白色，如图 5-184 所示。同时对【Spotlight Parameters】（聚光灯参数）面板进行设置，如图 5-185 所示。

13. 在【Object Type】（对象类型）面板中选择【Target Direct】（目标平行光）并单击，如图 5-186 所示。然后在左视图中创建【Target Direct】（目标平行光），如图 5-187 所示。

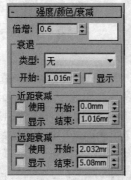

图5-184　设置【强度/颜色/衰减】面板　图5-185　设置【聚光灯参数】面板　图5-186 选择【目标平行光】

14. 在工具栏中选择【移动】工具图标，在前视图中调整【Target Direct】（目标平行光）的位置，如图 5-188 所示。

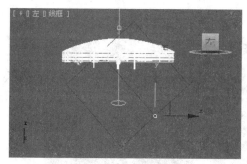

图5-187　创建目标平行光

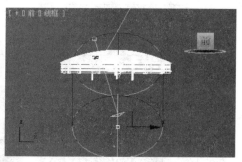

图5-188　调整目标平行光位置

15. 在【Intensity/Color/Attenuation】（强度/颜色/衰减）面板中，将【Multip】（倍增）数值设置为 0.8，色彩设置为灰白色，如图 5-189 所示。

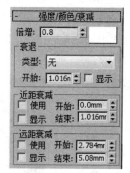

图5-189　设置【强度/颜色/衰减】面板

5.3.2　展厅辅光的创建

1. 执行【Create→Standard Lights→Target Spotlight】（创建→标准→目标聚光灯）命令，在左视图中创建一盏【Target Spot】（目标聚光灯），位置调整如图 5-190 所示。

2. 在工具栏中选择【移动】工具图标，在顶视图中调整【Target Spot】（目标聚光灯）的位置，结果如图 5-191 所示。

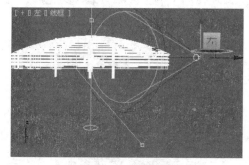

图5-190　创建聚光灯

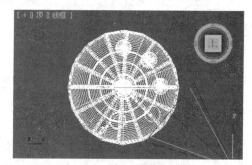

图5-191　调整位置

3. 在【Intensity/Color/Attenuation】（强度/颜色/衰减）面板中，将【Multip】（倍增）数值设置为 0.01，色彩设置为灰色，如图 5-192 所示。

4. 选择刚创建的聚光灯，在工具栏中选择【移动】工具，在按住 Shift 键的同时拖动聚光灯，最后单击【OK】（确定）按钮完成复制操作，如图 5-193 所示。

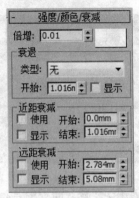

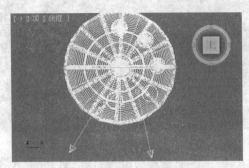

图5-192 设置【强度/颜色/衰减】面板　　　图5-193 复制聚光灯

5. 执行【Lights→Target Spotlight】（创建→标准→目标聚光灯）命令，在【Left】（左）视图中创建一盏【Target Spot】（目标聚光灯），位置调整如图 5-194 所示。

6. 在工具栏中选择【移动】工具图标，在顶视图中调整【Target Direct】（目标聚光灯）的位置，结果如图 5-195 所示。

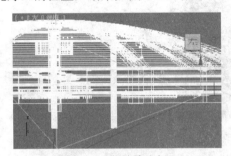

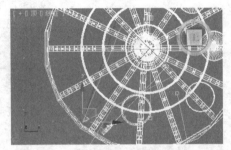

图5-194 创建聚光灯　　　图5-195 调整目标聚光灯位置

7. 在【Intensity/Color/Attenuation】（强度/颜色/衰减）面板中，将【Multip】（倍增）数值设置为 0.4，色彩设置为白色，如图 5-196 所示。

8. 在【Object Type】（对象类型）面板中选择【Omni】（泛光灯）并单击，如图 5-197 所示。然后在左视图中创建【Omni】（泛光灯），位置如图 5-198 所示。

9. 在工具栏中选择【移动】工具图标，在顶视图中调整【Omni】（泛光灯）的位置，结果如图 5-199 所示。

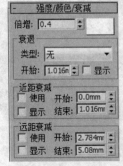

图5-196 设置【强度/颜色/衰减】面板　　　图5-197 选择【泛光】

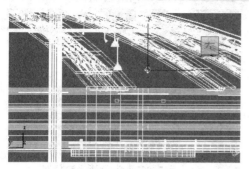

图5-198　创建泛光灯

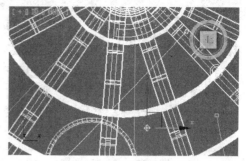

图5-199　调整泛光灯位置

10. 在【Intensity/Color/Attenuation】（强度/颜色/衰减）面板中，将【Multip】（倍增）数值设置为 0.55，色彩设置为白色，如图 5-200 所示。

11. 在【Object Type】（对象类型）面板中选择【Omni】（泛光灯）并单击，如图 5-197 所示。然后在前视图中创建【Omni】（泛光灯），位置如图 5-201 所示。

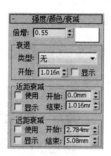

图5-200　设置【强度/颜色/衰减】面板

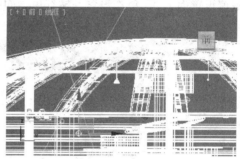

图5-201　创建泛光灯

12. 在工具栏中选择【移动】工具，在左视图中调整【Omni】（泛光灯）的位置，结果如图 5-202 所示。

13. 在【Intensity/Color/Attenuation】（强度/颜色/衰减）面板中，将【Multip】（倍增）数值设置为 0.4，色彩设置为白色，如图 5-203 所示。

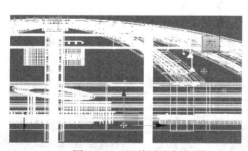

图5-202　调整泛光灯位置

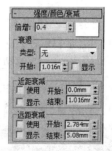

图5-203　设置【强度/颜色/衰减】面板

5.3.3　展厅灯光效果的创建

1. 在【Object Type】（对象类型）面板中选择【Omni】（泛光灯）并单击，然后在前视图中创建【Omni】（泛光灯），位置如图 5-204 所示。

2. 在工具栏中选择【移动】工具图标，在顶视图中调整【Omni】（泛光灯）的位置，结果如图 5-205 所示。

图5-204　创建泛光灯

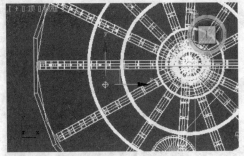

图5-205　调整泛光灯位置

3. 对【Omni】（泛光灯）进行排除功能设置，在【Exclude/Include】（排除/包含）面板中单击【Include】（包含），然后将【Text001】（文本 001）选中，如图 5-206 所示，单击【OK】（确定）按钮完成操作。

4. 在【Intensity/Color/Attenuation】（强度/颜色/衰减）面板中，将【Multip】（倍增）数值设置为 1.2，色彩设置为橘红色，如图 5-207 所示。

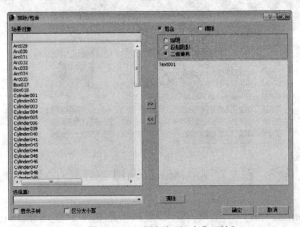

图5-206　【排除/包含】面板

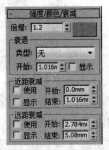

图5-207　设置【强度/颜色/衰减】面板

5. 选择刚创建的【Omni】（泛光灯），在工具栏中选择【移动】工具，在按住 Shift 键的同时拖动【Omni】（泛光灯），最后单击【OK】（确定）按钮完成复制操作，然后再复制一盏泛光灯，调整位置如图 5-208 所示。

6. 在【Object Type】（对象类型）面板中选择【Omni】（泛光灯）并单击，然后在左视图中创建【Omni】（泛光灯），位置如图 5-209 所示。

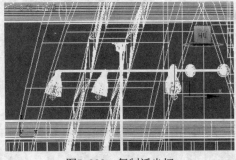

图5-208　复制泛光灯

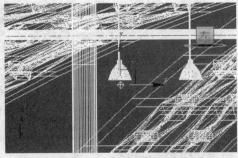

图5-209　创建泛光灯

7. 在工具栏中选择【移动】工具图标 ✥，在前视图中调整【Omni】（泛光灯）的位置，结果如图 5-210 所示。

8. 在【Intensity/Color/Attenuation】（强度/颜色/衰减）面板中，将【Multip】（倍增）数值设置为 1.6，色彩设置为白色，如图 5-211 所示。

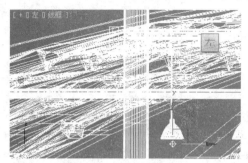

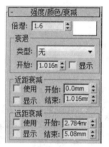

图5-210　调整泛光灯位置　　　　　　　图5-211　设置【强度/颜色/衰减】面板

9. 在【Object Type】（对象类型）面板中选择【Omni】（泛光灯）并单击，然后在左视图中创建【Omni】（泛光灯），位置如图 5-212 所示。

10. 在工具栏中选择【移动】工具图标 ✥，在前视图中调整【Omni】（泛光灯）的位置，结果如图 5-213 所示。

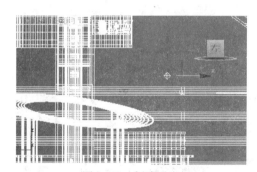

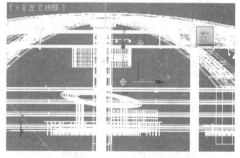

图5-212　创建泛光灯　　　　　　　　　图5-213　调整位置

11. 首先打开【Environment and Effects】（大气和效果）面板，单击【Effects】（效果）下面的【Add】（添加），然后打开【Add Effect】（添加大气或效果）面板，从中选择【Lens Effects】（镜头效果），如图 5-214 所示，单击【OK】（确定）按钮结束操作。

12. 回到【Environment and Effects】（环境和效果）面板，单击【Lens Effects】（镜头效果），然后在其下面的【Lens Effects Parameters】（镜头效果参数）面板中将【Ray】（射线）和【Glow】（光晕）选中，如图 5-215 所示。

13. 分别进入【Ray Element】（射线元素）和【Glow Element】（光晕元素）面板中，对其基本参数进行设置，如图 5-216 和图 5-217 所示。

14. 当所有的参数设置完毕之后，在【Lens Effects Globle】（镜头效果全局）面板中单击【Pick Light】（拾取灯光），如图 5-218 所示，然后分别拾取要添加灯光特效的【Omni】（泛光灯）。

15. 按下 F10 键进入渲染参数面板，然后对其基本参数进行设置，如图 5-219 所示。

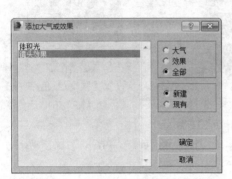

图5-214　【添加大气或效果】面板　　　　图5-215　添加【Ray】和【Glow】

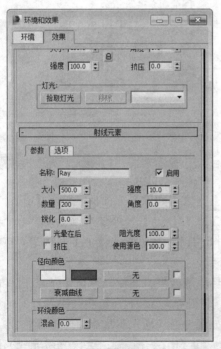

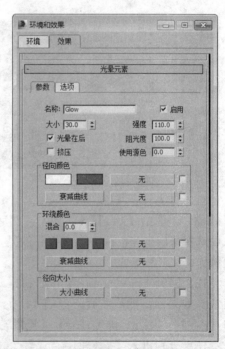

图5-216　设置【射线元素】面板　　　　　图5-217　设置【光晕元素】面板

16. 所有渲染参数设置完毕之后，可以单击渲染参数面板中的【Render】（渲染）按钮进行渲染，效果如图 5-220 所示。

17. 最终效果图中的汽车模型是利用外挂插件制作的，非常简单，在此不做过多的介绍。

18. 将渲染的图片设置为 JPG 格式保存，为下一步在 Photoshop 里面进行图像处理做好准备。

图5-218　拾取灯光

图5-219　设置渲染参数

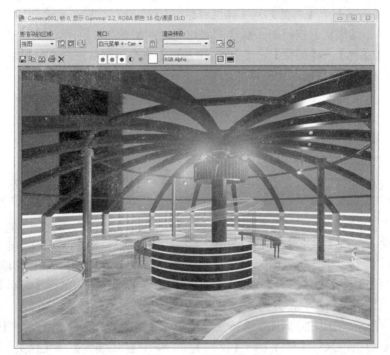

图5-220　渲染效果

5.4 展厅的图像合成

1. 执行【文件】→【打开】命令，在目录或者光盘中选择"展厅.jpg"的图片，单击打开，如图 5-221 所示。

图5-221　打开展厅图片

2. 执行【图像】→【调整】→【亮度/对比度】命令，然后在命令面板中设置【对比度】为 37，单击【确定】按钮加强展厅的对比度，如图 5-222 所示。

3. 执行【图像】→【调整】→【色相/饱和度】命令，然后在命令面板中设置【色相】为 1，单击确定加强展厅的对比度，如图 5-223 所示。

图5-222　设置【亮度/对比度】面板　　　图5-223　设置【色相/饱和度】面板

4. 打开汽车 1 的图片，如图 5-224 所示，单击【多边形套索】工具图标，描出汽车轮廓，执行【编辑】→【拷贝】命令。然后回到展厅的画布上，执行【编辑】→【粘贴】命令，并调整图形并将多余部分删除，效果如图 5-225 所示。

5. 打开汽车 2 的图片，如图 5-226 所示，单击【魔棒】工具，在空白区域内单击，执行【选择】命令，执行【选择】→【反向】命令，执行【编辑】→【拷贝】命令，然后回到展厅的画布上，执行【编辑】→【粘贴】命令，调整图形并将多余部分删除，效果如图 5-227 所示。

图5-224　汽车1

图5-225　插入汽车1

图5-226　汽车2

图5-227　插入汽车2

重复上述操作，完成其余车图形的布置，如图 5-228 所示。

图5-228　插入其余车图形

6．打开一张绿色植物的图片，如图 5-229 所示，单击【魔棒】工具图标 ，在植物图片的黑色区域内单击，执行【选择】命令，执行【选择】→【反向】命令，执行【编辑】→【拷贝】命令，然后回到展厅的画布上，执行【编辑】→【粘贴】命令，效果如图 5-230所示。

7. 合并图层，适当调节图形。执行【文件】→【存储为】命令，将文件保存为"汽车展厅.psd"，本例制作完毕。

图5-229 绿色植物

图5-230 置入绿色植物层

5.5 案例欣赏

图5-231 案例欣赏1

图5-232　案例欣赏2

图5-233　案例欣赏3

图5-234　案例欣赏4

图5-235　案例欣赏5

图5-236　案例欣赏6

图5-237　案例欣赏7

图5-238　案例欣赏8

图5-239　案例欣赏9

图5-240　案例欣赏10

第 6 章　居民小区效果图制作

 练习目标

◆　建模：进一步掌握各种复制和【Boolean】（布尔运算）的使用方法。

◆　材质：学习使用系统自带色彩。

◆　灯光：学习和运用 IES Sun，创建室外灯光。

◆　【Layer】（图层）：用于多张图片的合成和叠加，以利于对单张图片做进一步的修改和调整。

◆　【Eraser Tool】（橡皮擦工具）：用来制作边缘模糊的效果，相当于滤镜中的模糊功能，但是更自由灵活。

◆　【Free Transfrom】（自由变换）命令：用于缩放和旋转图像，使用时执行【Edit→Free Transfrom】（编辑→自由变换）命令，同时按住 Shift 键实现等比例缩放。

 现场操作

　　本章以居民小区为题材，最终效果如图 6-1 所示。这是一个色彩丰富的居民小区，从中可以感受到强烈的生活气息。本章单个模型比较简单，但经过大量复制后模型量极大，因此在制作过程中会比较慢。具体的步骤将在现场操作中进行详细讲解。

图6-1　效果图

6.1　小区模型的创建

6.1.1　小区整体框架的创建

1. 执行【Create→Shapes→Rectangle】（创建→图形→矩形）命令，然后在顶视图中创建一个矩形，如图 6-2 所示。

2. 在右侧【Parameters】（参数）面板中，设置基本参数【Length】（长度）为 5800.26mm、【Width】（宽度）为 12000.6mm，如图 6-3 所示。

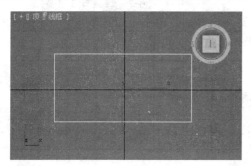

图6-2　创建矩形

图6-3　设置参数面板

3. 执行【Modifiers→Patch/Spline Editing→Edit Spline】（修改器→面片/样条线编辑→编辑样条线）命令，或者单击【Modify】（修改）选项卡的下拉菜单，从中选择【Edit Spline】（编辑样条线）修改器，进入其子层级选择【Vertex】（顶点），如图 6-4 所示。然后在右侧命令面板中选择【Refine】（优化）并单击，如图 6-5 所示。

图6-4　添加样条线修改器

图6-5　选择【优化】

4. 在【Refine】（优化）命令处于激活状态时，用鼠标左键在顶视图中依次单击添加节点，如图 6-6 所示。

5. 在工具栏中选择【移动】工具图标，在顶视图中进一步对节点的位置进行调整，如图 6-7 所示。

6. 重复上述操作，再一次添加并调整节点，结果如图 6-8 所示。

7. 执行【Modifiers→Patch/Spline Editing→Edit Spline】（修改器→面片/样条线编辑→编辑样条线）命令，或者单击【Modify】（修改）选项卡的下拉菜单，从中选择【Edit Spline】（编辑样条线）修改器，进入其子层级选择【Spline】（样条线）。

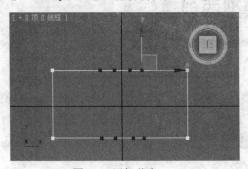

图6-6 添加节点

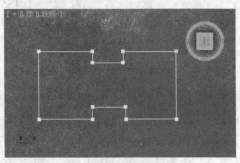

图6-7 调整节点位置

8. 在右侧命令面板中选择【Outline】（轮廓）并单击，设置数值为 120，如图 6-9 所示。经过【Outline】（轮廓）命令的操作，双线框的效果如图 6-10 所示。

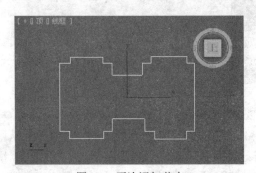

图6-8 再次添加节点

图6-9 设置【轮廓】数值

9. 执行【Modifiers→Mesh Editing→Ext ude】（修改器→网格编辑→挤出）命令，或者单击【Modify】（修改）选项卡的下拉菜单，从中选择【Ext ude】（挤出）修改器，然后在右侧【Parameters】（参数）命令面板中设置基本参数，设置【Amount】（数量）为 3200.4mm，如图 6-11 所示。进入物体的实体级别，效果如图 6-12 所示。

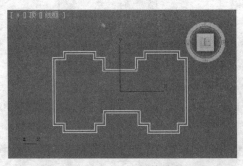

图6-10 双线框的效果

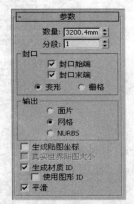

图6-11 设置【参数】面板

10. 执行【Create→Standard Primitives→Box】（创建→标准基本体→长方体）命令，然后在顶视图中创建一个长方体，作为墙的立面，如图 6-13 所示。

11. 在右侧【Parameters】（参数)面板中设置基本参数【Length】（长度）为 2168.0 mm、

【Width】（宽度）为 997.318mm、【Height】（高度）为 1192.44mm，如图 6-14 所示。

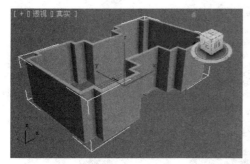 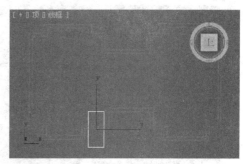

图6-12　实体效果　　　　　　　　　　　图6-13　创建墙的立面

图6-14　设置【参数】面板

12. 在工具栏中选择【移动】工具图标 ✛，对长方体的位置进行调整，结果如图 6-15 所示。

13. 选中新创建的长方体，在工具栏中选择【移动】工具，然后在按住 Shift 键的同时拖动物体，在出现的【Clone Options】（克隆选项）对话框中设置【Object】（对象）为【Copy】（复制）模式，依次进行复制，结果如图 6-16 所示。

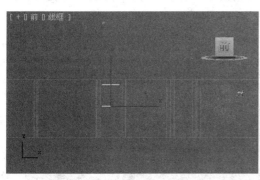 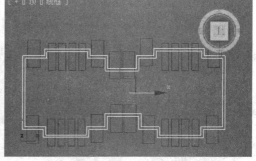

图6-15　调整长方体位置　　　　　　　　图6-16　复制新长方体

14. 在工具栏中选择【移动】工具图标 ✛，在【Front】（前）视图中对新复制长方体的位置进行调整，结果如图 6-17 所示。

15. 首先选择要被裁剪的物体，执行【Create→Compound→Boolean】（创建→复合对象→布尔）命令，然后在【Pick Boolean】（拾取布尔）面板中单击【Pick Operand】（拾取操作对象），如图 6-18 所示，设置【操作】（Operation）面板如图 6-19 所示。

16. 重复上述操作，在保持【Pick Operand】（拾取操作对象）处于激活状态下，依

次单击其他的长方体，最终效果如图 6-20 所示。

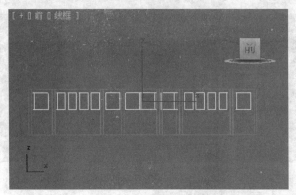

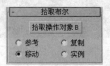

图6-17　调整长方体位置　　　　　　　图6-18　单击【拾取操作对象B】

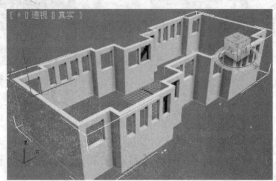

图6-19　设置【操作】面板　　　　　图6-20　最终效果

6.1.2　小区阳台的创建

1．执行【Create→Standard Primitives→Box】（创建→标准基本体→长方体）命令，在顶视图中创建一个长方体，作为阳台，如图 6-21 所示。

2．在工具栏中选择【移动】工具图标 ✛，对长方体的位置进行调整，结果如图 6-22 所示。

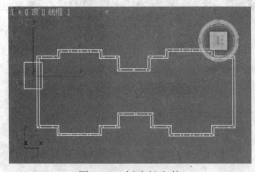

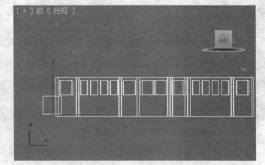

图6-21　创建长方体　　　　　　　图6-22　位置调整

3．选中新创建的长方体，在工具栏中选择【缩放】工具，然后在按住 Shift 键的同时缩放物体，如图 6-23 所示。

4．在工具栏中选择【移动】工具图标 ✛，对长方体的位置进行调整，结果如图 6-24 所示。

5．进入物体的实体显示级别，效果如图 6-25 所示。

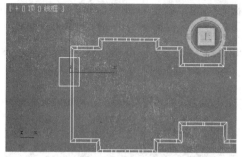

图6-23　缩放长方体

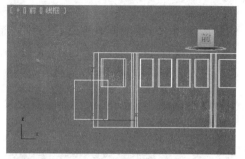

图6-24　调整长方体位置

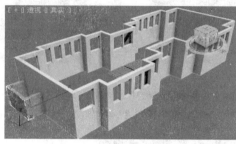

图6-25　实体效果

6．选中调整好的阳台，在工具栏中选择【移动】工具，然后在按住 Shift 键的同时移动物体，如图 6-26 所示。重复上述操作，将阳台再复制一次，调整位置如图 6-27 所示。

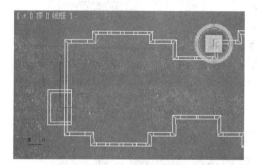

图6-26　复制阳台

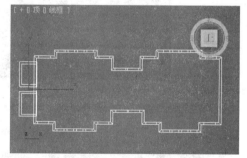

图6-27　复制另一边的阳台

7．执行【Create→Standard Primitives→Box】（创建→标准基本体→长方体）命令，在顶视图中创建一个长方体，如图 6-28 所示。

8．在右侧【Parameters】（参数)面板中,设置基本参数【Length】（长度)为 2168.0mm，【Width】（宽度）为 837.747mm，，【Height】（高度）为 1192.44mm，如图 6-29 所示。

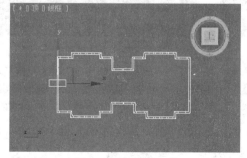

图6-28　创建长方体

图6-29　设置【参数】面板

9. 在工具栏中选择【移动】工具图标 ，对长方体的位置进行调整，如图 6-30 所示。然后按住 Shift 键的同时拖动长方体从而再复制一个长方体，调整其位置如图 6-31 所示。

10. 执行【Create→Standard Primitives→Box】（创建→标准基本体→长方体）命令，在左视图中创建一个长方体，如图 6-32 所示。

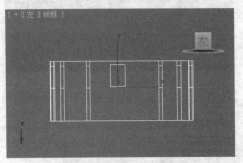

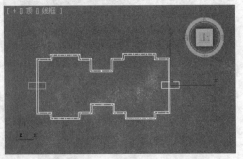

图6-30　调整长方体位置　　　　　　　　　图6-31　复制新长方体

11. 在右侧【Parameters】（参数)面板中，设置基本参数【Length】（长度）为 2351.01mm、【Width】（宽度）为 1049.56mm、【Height】（高度）为 2162.09mm，如图 6-33 所示。

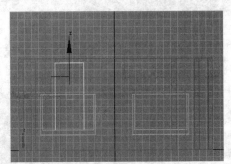

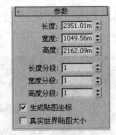

图6-32　创建长方体　　　　　　　　　　　图6-33　设置【参数】面板

12. 在工具栏中选择【移动】工具 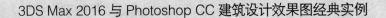，对长方体的位置进行调整，如图 6-34 所示。然后按住 Shift 键的同时拖动长方体从而再复制 3 个长方体，调整其位置如图 6-35 所示。

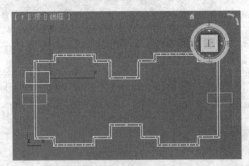

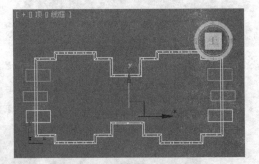

图6-34　位置调整　　　　　　　　　　　　图6-35　复制新长方体

13. 首先选择要被裁剪的物体，执行【Create→Compound→Boolean】（创建→复合对象→布尔）命令，然后在【Pick Boolean 】（拾取布尔）面板中单击【Pick Operand】（拾取操作对象），最后移动光标到刚建立的长方体上单击，完成操作，结果如图 6-36 所示。

14. 重复上述操作，在保持【Pick Operand】（拾取操作对象)处于激活状态下，依次单击其他的长方体，最终效果如图 6-37 所示。

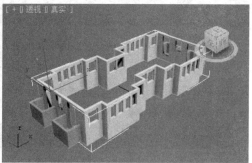

图6-36　裁剪多余物体　　　　　　　　图6-37　最终效果

6.1.3 小区窗户的创建

1. 执行【Create→Shapes→Rectangle】（创建→图形→矩形）命令，在前视图中创建一个矩形，如图 6-38 所示。

2. 执行【Modifiers→Patch/Spline Editing→Edit Spline】（修改器→样条线编辑→编辑样条线）命令，或者单击【Modify】（修改）选项卡的下拉菜单，从中选择【Edit Spline】（编辑样条线）修改器，进入其子层级选择【Spline】（样条线）。

3. 在右侧命令面板中选择【Outline】（轮廓）并单击，设置数值，如图 6-39 所示。经过【Outline】（轮廓）命令的操作，双线框的效果如图 6-40 所示。

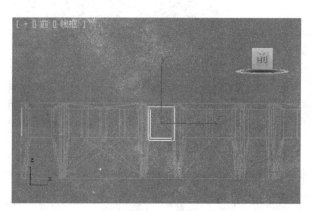

图6-38　创建矩形

图6-39　设置【轮廓】

4. 执行【Modifiers→Mesh Editing→Ext ude】（修改器→网格编辑→挤出）命令，或者单击【Modify】（修改）选项卡的下拉菜单，从中选择【Ext ude】（挤出）修改器，然后在右侧【Parameters】（参数）命令面板中设置基本参数，设置【Amount】（数量）为80.4mm，如图 6-41 所示。

5. 在工具栏中选择【移动】工具图标，对窗户的位置进行调整，如图 6-42 所示。进入物体的实体级别，效果如图 6-43 所示。

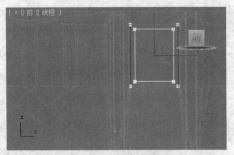

图6-40　双线框的效果　　　　　　　　　　　图6-41　设置【参数】面板

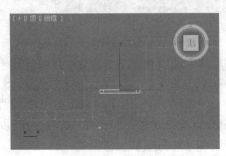

图6-42　调整窗户位置　　　　　　　　　　　图6-43　实体效果

6. 选中新创建的窗户外框，在工具栏中选择缩放工具，然后在按住 Shift 键的同时缩放物体，如图 6-44 所示。

7. 在工具栏中选择【移动】工具图标 ，对新复制的窗户外框位置进行调整，如图 6-45 所示。

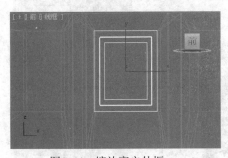

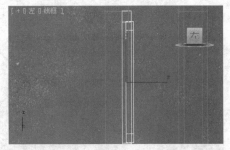

图6-44　缩放窗户外框　　　　　　　　　　　图6-45　调整窗户外框位置

8. 执行【Create→Standard Primitives→Box】（创建→标准基本体→长方体）命令，在前视图中创建一个长方体，作为窗户玻璃，如图 6-46 所示。

9. 在右侧【Parameters】（参数）面板中，设置基本参数【Length】（长度）为 933.144mm、【Width】（宽度）为 632.74mm、，【Height】（高度）为 19.588mm，如图 6-47 所示。

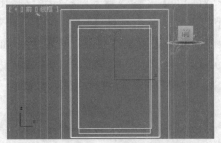

图6-46　创建窗户玻璃　　　　　　　　　　　图6-47　设置【参数】面板

10. 执行【Create→Standard Primitives→Box】（创建→标准基本体→长方体）命令，在前视图中创建一个长方体，作为窗户，如图 6-48 所示。

11. 在右侧【Parameters】（参数）面板中，设置基本参数【Length】（长度）为 958.79mm、【Width】（宽度）为 38.348mm、【Height】（高度）为 57.523mm，如图 6-49 所示。

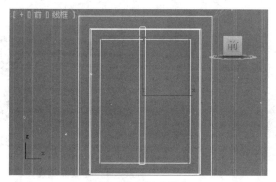

图6-48　创建窗户　　　　　　　　　　图6-49　设置【参数】面板

12. 在工具栏中选择【移动】工具图标，对窗户的位置进行调整，结果如图 6-50 所示。

13. 将组成窗户的所有部件选中，然后在工具栏中选择【移动】工具，在按住 Shift 键的同时拖动物体，在出现的【Clone Options】（克隆选项）对话框中设置【Object】（对象）模式为【Copy】（复制），依次进行复制，结果如图 6-51 所示。

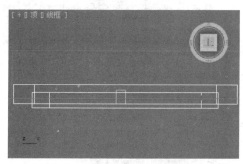
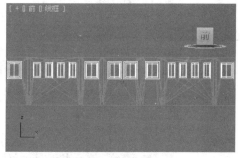

图6-50　调整窗户位置　　　　　　　　图6-51　窗户的复制

14. 进入物体的实体显示级别，效果如图 6-52 所示。

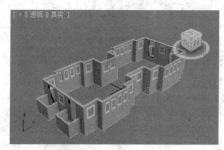

图6-52　实体效果

15. 将组成窗户的所有部件选中，然后在工具栏中选择【移动】工具，在按住 Shift 键的同时拖动物体，在出现的【Clone Options】（克隆选项）对话框中设置【Object】（对象）模式为【Copy】（复制），再次复制一个窗户，如图 6-53 所示。

16. 在工具栏中选择【缩放】工具图标，在左视图中对新复制的窗户进行缩放调整，如图 6-54 所示。

17. 选中调整好的小门，在工具栏中选择【移动】工具，然后在按住 Shift 键的同时拖动物体，在出现的【Clone Options】（克隆选项）对话框，设置【Object】（对象）模式为【Copy】（复制），进行复制，结果如图 6-55 所示。重复操作，为另一面复制两个小门，调整位置如图 6-56 所示。

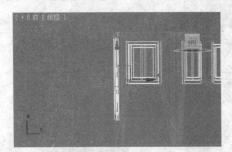

图6-53　复制窗户

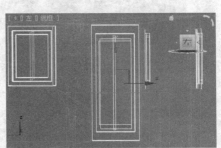

图6-54　缩放调整窗户

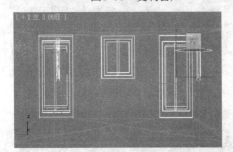

图6-55　复制小门

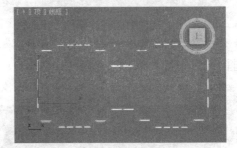

图6-56　复制另一面的小门

18. 进入物体的实体显示级别，效果如图 6-57 所示。

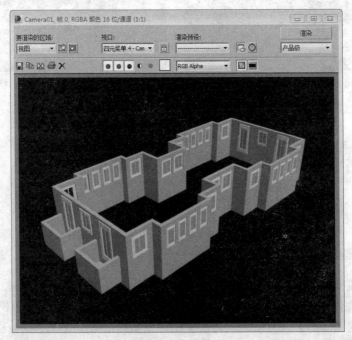

图6-57　实体效果

6.1.4 小区的整体创建

1. 将已调整好的楼层框选，如图 6-58 所示。

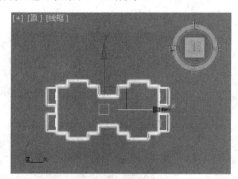

图6-58　选择楼层

2. 在工具栏中选择【移动】工具，然后在按住 Shift 键的同时拖动物体，在出现的【Clone Options】（克隆选项）对话框，如图 6-59 所示，设置【Object】（对象）模式为【Copy】（复制），设置【Number of Copies】（副本数）为 14，然后单击【OK】（确定）按钮进行复制，结果如图 6-60 所示。

图6-59　设置【克隆选项】面板

3. 执行【Create→Shapes→Line】（创建→图形→线）命令，然后在顶视图中创建一条封闭的曲线，如图 6-61 所示。

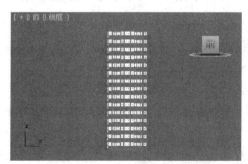

图6-60　复制楼层

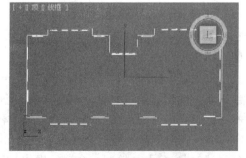

图6-61　创建封闭曲线

4. 执行【Modifiers→Mesh Editing→Ext ude】（修改器→网格编辑→挤出）命令，或者单击【Modify】（修改）选项卡的下拉菜单，从中选择【Ext ude】（挤出）修改器，然后在右侧【Parameters】（参数）命令面板中设置【Amount】（数量）为 20.4mm，如图 6-62 所示。

5. 在工具栏中选择【移动】工具图标 ⊹，对物体的位置进行调整，结果如图 6-63 所示。

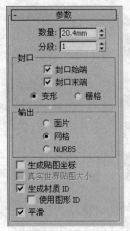

图6-62 设置【数量】

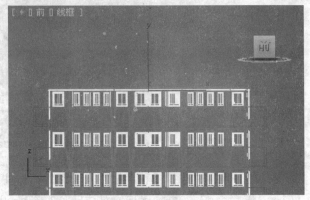

图6-63 调整物体位置

6. 执行【Create→Standard Primitives→Box】（创建→标准基本体→长方体）命令，在顶视图中创建一个长方体，如图 6-64 所示。

7. 在工具栏中选择【移动】工具图标 ⊹，对长方体的位置进行调整，同时复制一个新的长方体，如图 6-65 所示。

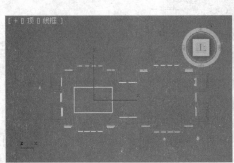

图6-64 创建长方体

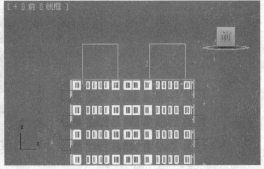

图6-65 复制长方体

8. 执行【Create→Shapes→Arc】（创建→标准基本体→弧）命令，或者直接在【Object Type】面板中选择【Arc】（圆弧）并单击，然后在左视图中创建一个圆弧，对其进行调整，结果如图 6-66 所示。

9. 执行【Modifiers→Patch/Spline Editing→Edit Spline】（修改器→面片/样条线编辑→编辑样条线）命令，或者单击【Modify】（修改）选项卡的下拉菜单，从中选择【Edit Spline】（编辑样条线）修改器，进入其子层级选择【Spline】（样条线）。

10. 在右侧命令面板中选择【Outline】（轮廓）并单击，设置数值，如图 6-67 所示。经过【Outline】（轮廓）命令的操作，双线框的效果如图 6-68 所示。

11. 添加【Ext ude】（挤出）修改器。执行【Modifiers→Mesh Editing→Ext ude】（修改器→网格编辑→挤出）命令，或者单击【Modify】（修改）选项卡的下拉菜单，从中选择【Ext ude】（挤出）修改器，然后在右侧【Parameters】（参数）命令面板中设置基本参数，设置【Amount】（数量）为 2000.4mm，效果如图 6-69 所示。

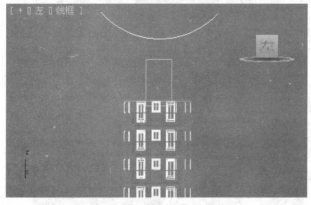

图6-66　创建圆弧　　　　　　　　　　图6-67　设置【轮廓】

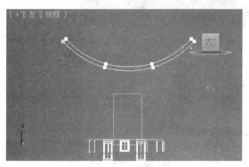

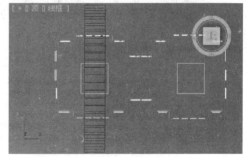

图6-68　双线框效果　　　　　　图6-69　添加【挤出】修改器的效果

12．选中新创建的弧形体，在工具栏中选择【移动】工具，然后在按住 Shift 键的同时拖动物体，在出现的【Clone Options】（克隆选项）对话框，设置【Object】（对象）模式为【Copy】（复制）进行复制，结果如图 6-70 所示。

13．执行【Create→Standard Primitives→Box】（创建→标准基本体→长方体）命令，在左视图中创建一个长方体，作为墙的立面，如图 6-71 所示。

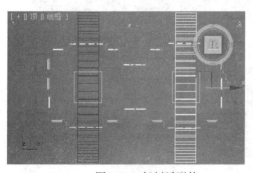

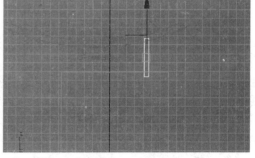

图6-70　复制弧形体　　　　　　　　图6-71　创建墙的立面

14．选中新创建的墙的立面，在工具栏中选择【移动】工具，然后在按住 Shift 键的同时拖动物体，在出现的【Clone Options】（克隆选项）对话框，设置【Object】（对象）模式为【Copy】（复制）进行多次复制，同时调整位置，如图 6-72 所示。

15．小区主体模型的创建已经基本完成。

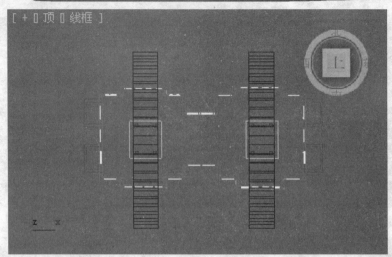

图6-72　复制墙的立面

6.2 摄像机及灯光的创建

1. 摄像机的创建。执行【Create→Cameras→Target Camera】（创建→摄像机→目标摄像机）命令，或在【Object Type】（对象类型）面板中选择【Target】（目标）并单击，如图 6-73 所示。

2. 在左视图中创建摄像机，位置如图 6-74 所示。

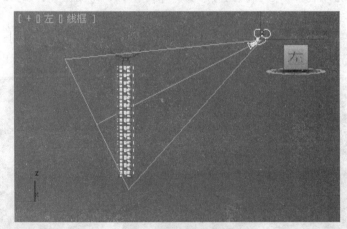

图6-73　选择【目标】　　　　　　　图6-74　创建摄像机

3. 在单个视图的左上角单击鼠标右键，弹出下拉菜单，在出现的下拉菜单中单击【Views】（视点），在其子菜单中选择【Camera】（摄像机）命令并单击，这样视图的模式就转化为摄像机视图，如图 6-75 所示。

4. 执行【Create→Standard Primitives→Box】（创建→标准基本体→长方体）命令，在顶视图中创建一个长方体，作为小区的草坪，如图 6-76 所示。

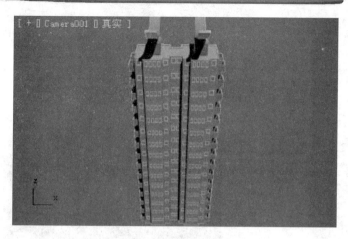

图6-75　摄像机视图

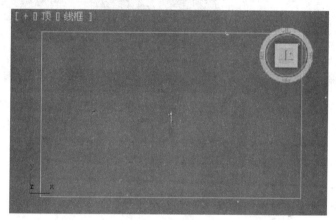

图6-76　创建草坪

5．执行【Create→Standard Primitives→Box】（创建→标准基本体→长方体）命令，在顶视图中创建一个长方体，作为小区的马路，如图 6-77 所示。

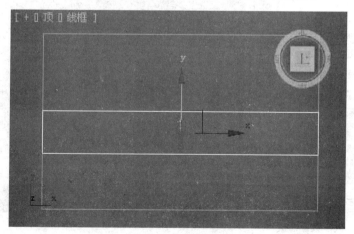

图6-77　创建马路

6．在【Object Type】（对象）面板中选择【Sunlight】（太阳光）并单击，如图 6-78 所示。在左视图中创建【Sunlight】（太阳光），位置如图 6-79 所示。

315

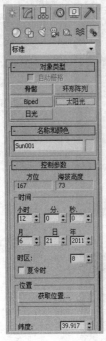

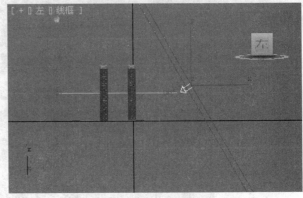

图6-78　选择【太阳光】　　　　　　　　　　　　　图6-79　创建太阳光

7．进入右侧【General　Parameters】（常规参数）面板中，如图 6-80 所示。

8．选择创建好的小区主体，然后进行复制，如图 6-81 所示。

9．在渲染参数面板中将所有渲染参数设置完毕之后，单击【Render】（渲染）进行渲染，效果如图 6-82 所示。

10．将渲染的图片设置为 JPG 格式，单击保存，为下一步在 Photoshop 里面进行图像处理做好准备。

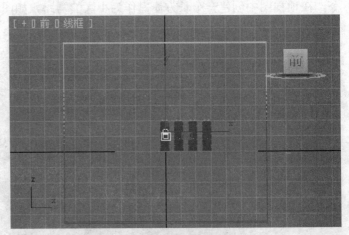

图6-80　【常规参数】面板　　　　　　　　　　图6-81　复制小区主体

图6-82　渲染效果

6.3 小区的图像合成

1．执行【文件】→【打开】命令，在目录或光盘中选择"小区.jpg"图片，单击打开，如图 6-83 所示。

2．打开一张草坪的图片，执行【编辑】→【拷贝】命令，复制草坪，然后回到小区画布上，执行【编辑】→【粘贴】命令，完成粘贴，如图 6-84 所示。

图6-83　打开文件

图6-84　置入草坪图层

3．执行【编辑】→【自由变换】命令，然后按住 Shift 键进行等比例放大，最后移动调整草坪的位置，结果如图 6-85 所示。

4．在绿色草坪图层上执行【编辑】→【拷贝】命令，复制草坪，然后回到背景画布上，执行【编辑】→【粘贴】命令，完成粘贴，同时将新复制的图层用光标拖动到原草坪的下面，效果如图 6-86 所示。

图 6-85　调整草坪图层

图6-86　复制草坪

5. 打开一张树的图片，执行【编辑】→【拷贝】命令，然后回到背景画布上，执行【编辑】→【粘贴】命令，完成粘贴，如图 6-87 所示。

图6-87　置入树的图层

6．执行【编辑】→【自由变换】命令，然后按住 Shift 键进行等比例放大，最后移动调整树的位置到画布的最左面。

7．在工具箱中选择橡皮擦工具图标，在橡皮擦的控制面板中进行设置，选择大小为 100 的画笔，同时将【不透明度】设置为 88，然后对树的周边进行虚化，效果如图 6-88 所示。

8．打开另外一张树的图片，执行【编辑】→【拷贝】命令，然后回到背景画布上，执行【编辑】→【粘贴】命令，完成粘贴，如图 6-89 所示。

9．执行【编辑】→【自由变换】，按住 Shift 键，进行等比例放大，最后移动调整树的位置到画布的最右面。

图6-88　调整树的图层　　　　　　　　　图6-89　置入另一棵树的图层

10．在工具箱中选择橡皮擦工具图标，在橡皮擦的控制面板中进行设置，选择半径为 100 的画笔，同时将【不透明度】设置为 88，然后对树的周遍进行虚化，效果如图 6-90 所示。

11．打开一张球状树的图片，执行【编辑】→【拷贝】命令，然后回到背景画布上，执行【编辑】→【粘贴】命令，完成粘贴，如图 6-91 所示。

图6-90　调整新树的图层　　　　　　　　　图6-91　置入球状树图层

12．执行【编辑】→【自由变换】命令，然后按住 Shift 键进行等比例缩小，最后移动调整球状树的位置，结果如图 6-92 所示。

13．打开一张人物图片，执行【编辑】→【拷贝】命令，然后回到背景画布上，执行【编辑】→【粘贴】命令，完成粘贴，如图 6-93 所示。

14．执行【编辑】→【自由变换】命令，然后按住 Shift 键进行等比例缩小，最后移动调整人的位置，效果如图 6-94 所示。

15．　重复上述操作，将人物依次置入图片中，并调整其位置和大小，最终效果如图

6-95 所示。

16．执行【文件】→【存储为】命令，将文件保存为"居民小区.psd"，本例制作完毕。

图6-92　调整球状树图层

图6-93　置入人物图层

图6-94　调整人物图层

图6-95　最终效果

6.4　案例欣赏

图6-96　案例欣赏1

图6-97　案例欣赏2

图6-98　居民小区案例欣赏3

图6-99　案例欣赏4

图6-100　案例欣赏5

图6-101　案例欣赏6

图6-102　案例欣赏7

图6-103　案例欣赏8

图6-104　案例欣赏9

图6-105　案例欣赏10

第7章　小区鸟瞰效果图制作

练习目标

- 建模：进一步掌握【Outline】（轮廓）和【Ext ude】（挤出）的使用方法。
- 材质：学习使用系统自带色彩。
- 灯光：学习和运用 IE Sun，创建室外灯光。
- 【Layer】（图层）：用于多张图片的合成和叠加，以利于对单张图片做进一步的修改和调整。
- 选择工具：用来创建选区。
- 【Free Transfrom】（自由变换）命令：用于缩放和旋转图像，使用时执行【Edit→Free Transfrom】（编辑→自由变换）命令：使用时按住 Shift 键实现等比例缩放。

现场操作

　　本章以小区鸟瞰为题材，模型、材质、灯光都比较简单（如图 7-1 所示），主要介绍了小区的规划，其制作流程与前面无异，方法简单。具体步骤将在现场操作中进行详细说明和讲解。

图7-1　效果图

7.1 小区鸟瞰模型的创建

1. 执行【Create→Standard Primitives→Box】（创建→标准基本体→长方体）命令，在前视图中创建一个长方体，结果如图 7-2 所示。

2. 在右侧长方体的【Parameters】（参数）面板中，设置基本参数【Length】（长度）为 2513.03mm，【Width】（宽度）为 1418.27mm、【Height】（高度）为 593.096mm，分别将【Length Segs】（长度分段）、【Width Segs】（宽度分段）和 【Height Segs】（高度分段）设置为 1，如图 7-3 所示。

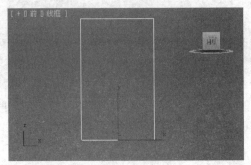

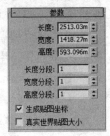

图7-2 创建长方体　　　　　　　　　　　　　　　　　图7-3 设置参数面板

3. 执行【Create→Standard Primitives→Box】（创建→标准基本体→长方体）命令，在前视图中创建一个长方体，同时在工具栏中选择【移动】工具，对新创建的长方体位置进行调整，结果如图 7-4 所示。

4. 进入左视图，在工具栏中选择【移动】工具，然后将新创建的长方体选中，在左视图中将其位置调整到如图 7-5 所示。

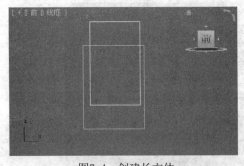

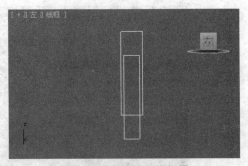

图7-4 创建长方体　　　　　　　　　　　　　　图7-5 调整长方体位置

5. 在右侧长方体的【Parameters】（参数）面板中，设置基本参数【Length】（长度）为 2249.13mm、【Width】（宽度）为 1716.53mm、【Height】（高度）为 431.236mm，分别将【Length Segs】（长度分段）、【Width Segs】（宽度分段）和【Height Segs】（高度分段）设置为 1，如图 7-6 所示。

6. 选择刚创建的长方体，在工具栏中选择【旋转】工具，按住 Shift 键旋转长方体，在出现的【Clone Options】（克隆选项）面板中设置【Object】（对象）模式为【Copy】（复制），设置【Number of Copies】（副本数）为 1，单击【OK】（确定）按钮完成复制。利用【移动】工具对新复制长方体的位置进行调整，结果如图 7-7 所示。

图7-6　设置【参数】面板

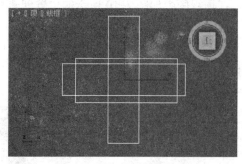

图7-7　通知复制长方体位置

7．进入左视图中，在工具栏中选择【移动】工具，然后将新复制的长方体选中，在左视图中将其位置调整到如图 7-8 所示。

8．选择第一次创建长方体，在工具栏中选择【旋转】工具，按住 Shift 键旋转长方体，在出现的【Clone Options】（克隆选项）面板中设置【Object】（对象）模式为【Copy】（复制），设置【Number of Copies】（副本数）为 1，单击【OK】（确定）按钮完成复制。利用【移动】工具对新复制长方体的位置进行调整，结果如图 7-9 所示。

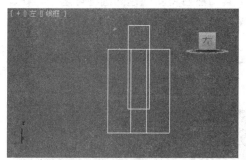

图7-8　调整长方体位置

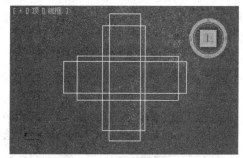

图7-9　调整新复制长方体位置

9．执行【Create→Standard Primitives→Cylinder】（创建→标准基本体→圆柱体）命令，在顶视图中如图 7-10 所示的位置创建一个圆柱体。

10．在右侧圆柱体的【Parameters】（参数）面板中，设置基本参数【Radius】（半径）为 605.547mm、【Height】（高度）为 2513.0mm、【Height Segs】（高度分段）为 5、【Cap Segs】（端面分段）为 1、【Sides】（边数）为 18，如图 7-11 所示。

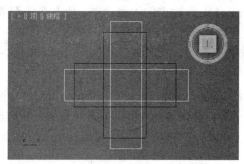

图7-10　创建圆柱体和长方体

图7-11　设置【参数】面板

11. 执行【Create→Standard Primitives→Box】（创建→标准基本体→长方体）命令，在顶视图中如图 7-10 所示的位置创建一个长方体。

12. 在右侧长方体的【Parameters】（参数）面板中，设置基本参数【Length】（长度）为 180.506mm、Width（宽度）为 156.575mm、【Height】（高度）为 433.495mm，分别将【Length Segs】（长度分段）、【Width Segs】（宽度分段）和【Height Segs】（高度分段）设置为 1，如图 7-12 所示。

图7-12 设置【参数】面板

13. 进入左视图，在工具栏中选择【移动】工具，然后将新创建的圆柱体选中，在左视图中将其位置调整到如图 7-13 所示。选择第一步创建的长方体，将其高度调整为 2775.105mm。

14. 执行【Create→Shapes→Line】（创建→图形→线）命令，然后在顶视图中按照如图 7-14 所示的位置创建一条封闭的曲线，使其边缘与顶部边缘的曲线相吻合。

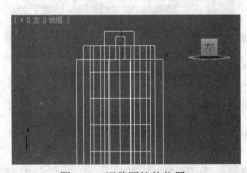
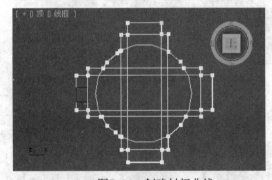

图7-13 调整圆柱体位置　　　　　　　　　　图7-14 创建封闭曲线

15. 执行【Modifiers→Patch/Spline Editing→Edit Spline】（修改器→面片/样条线编辑→编辑样条线）命令，或者单击【Modify】选项卡的下拉菜单，从中选择【Edit Spline】（编辑样条线）修改器，进入其子层级选择【Spline】（样条线）。

16. 在右侧命令面板中选择【Outline】（轮廓）并单击，设置数值为-10，如图 7-15 所示。

17. 执行【Modifiers→Mesh Editing Ext ude】（修改器→网格编辑→挤出）命令，或者单击【Modify】（修改）选项卡的下拉菜单，从中选择【Extude】（挤出）修改器，然后在右侧【Parameters】（参数）命令面板中设置基本参数，设置【Amount】（数量）为 40.0mm，如图 7-16 所示。

图7-15　设置【轮廓】　　　　　　　　图7-16　设置【参数】面板

18．进入左视图中，在工具栏中选择【移动】工具，然后将第 17 步中新创建的截面选中，在左视图中将其位置调整到如图 7-17 所示。

19．选择刚创建的截面，在工具栏中选择【移动】工具，按住 Shift 键拖动截面，在出现的【Clone Options】（克隆选项）面板中设置【Object】（对象）模式为【Copy】（复制），设置【Number of Copies】（副本数）为 9，如图 7-18 所示，单击【OK】（确定）按钮完成复制。利用【移动】工具对新复制截面的位置进行调整，结果如图 7-19 所示。

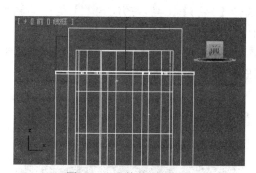

图7-17　调整截面位置　　　　　　　　图7-18　设置【克隆选项】面板

20．执行【Create→Standard Primitives→Box】（创建→标准基本体→长方体）命令，在【Top】（顶）视图中创建一个长方体，同时在工具栏中选择【移动】工具，对新创建的长方体位置进行调整，结果如图 7-20 所示。

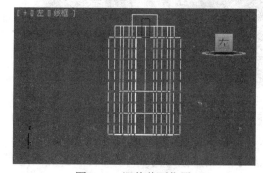

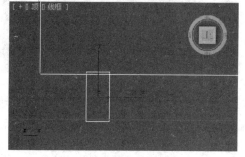

图7-19　调整截面位置　　　　　　　　图7-20　创建长方体

21．在右侧长方体的【Parameters】（参数）面板中，设置基本参数【Length】（长

度）为 10.597mm、Width（宽度）为 5.299mm、【Height】（高度）为 2251.68mm，分别将
【Length Segs】（长度分段）、【Width Segs】（宽度分段）和【Height Segs】（高
度分段）设置为 1，如图 7-21 所示。

22．进入前视图，在工具栏中选择【移动】工具，然后将新创建的长方体选中，在前
视图中将其位置调整到如图 7-22 所示。

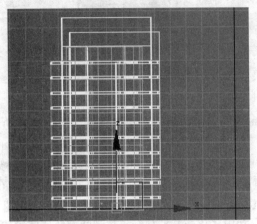

图7-21　设置【参数】面板　　　　　　　图7-22　调整长方体位置

23．选择刚创建的长方体，在工具栏中选择【移动】工具，按住 Shift 键拖动截面，
在出现的【Clone Options】（克隆选项）面板中设置【Object】（对象）模式为【Instance】
（实例），设置【Number of Copies】（副本数）为 9，单击【OK】（确定）按钮完成复
制，利用【移动】工具对新复制截面的位置进行调整，结果如图 7-23 所示。

24．经过多次复制操作，进入物体的实体级别，结果如图 7-24 所示。

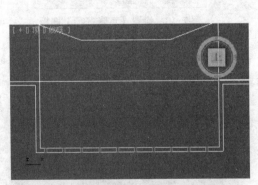

图7-23　复制长方体　　　　　　　　　　图7-24　实体效果

25．选择刚创建的楼体，在工具栏中选择【移动】工具，按住键盘上的 Shift 键拖动
楼体，在出现的【Clone Options】（克隆选项）面板中设置【Object】（对象）模式为
【Instance】（实例），设置【Number of Copies】（副本数）为 8，单击【OK】（确定）
按钮完成复制。利用【移动】工具对新复制楼体的位置进行调整，结果如图 7-25 所示。

26．经过多次调整，进入物体的实体级别，结果如图 7-26 所示。

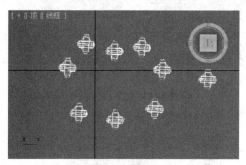

图7-25　复制楼体

图7-26　实体效果

7.2　摄像机及灯光的创建

1．执行【Create→Cameras→Target Camera】（创建→摄像机→目标摄像机）命令，在顶视图中创建摄像机，结果如图 7-27 所示。

2．在工具栏中选择【移动】工具图标，在左视图中调整新创建的摄像机的位置，结果如图 7-28 所示。

3．在单个视图的左上角单击鼠标右键，弹出下拉菜单，在出现的下拉菜单中单击【Views】（弱点），在其子菜单中选择【Camera】（摄像机）命令单击，这样视图的模式就转化为摄像机视图，如图 7-29 所示。

4．单击 F9 键进行快速渲染，效果如图 7-30 所示。

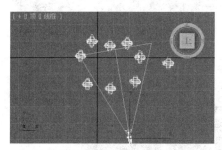

图7-27　创建摄像机

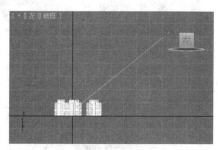

图7-28　调整摄像机位置

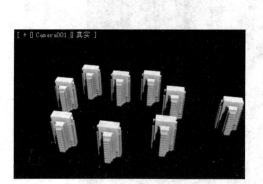

图7-29　摄像机视图

图7-30　快速渲染效果

5．在【Object Type】（对象类型）面板中选择【Systems】（系统）并单击，然后在顶视图中创建【Daylight】（日光），结果如图 7-31 所示。

6．在工具栏中选择【移动】工具图标✛，在左视图中调整【Daylight】（日光)的位置。

7．按 F10 键进入渲染参数的面板，然后对其基本参数进行设置，如图 7-32 所示。

图7-31　创建日光　　　　　　　　　　　　图7-32　设置渲染参数

8．所有渲染参数设置完毕之后，单击渲染参数面板中的【Render】（渲染），为小区添加背景后进行渲染，最终效果如图 7-33 所示。

图7-33　最终效果

9．将渲染的图片设置为 JPG 格式，单击保存，为下一步在 Photoshop 里面进行图像处理做好准备。

7.3 小区鸟瞰的图像合成

1．执行【文件】→【打开】命令，在目录或者光盘中选择"小区鸟瞰.jpg"，单击打开，如图 7-34 所示。

图7-34　打开小区鸟瞰图片

2．创建一个新图层，将小区鸟瞰全部选中，执行【编辑】→【拷贝】命令，然后回到新图层上，执行【编辑】→【粘贴】命令，完成粘贴，同时调整新图层的亮度/对比度，效果如图 7-35 所示。

图7-35　复制背景层

3．在工具栏中单击框选工具，然后在小区鸟瞰图上上创建一个选区，结果如图 7-36 所示。

图7-36　创建选区

4．在小区鸟瞰图层上执行【编辑】→【拷贝】命令，将选区进行复制，然后回到画布上，执行【编辑】→【粘贴】命令，完成粘贴，调整结果如图 7-37 所示。

5．单击【选框】工具图标，在调整过透明度的图层上沿画布的上沿创建一个矩形，然后选择油漆桶工具，同时将色彩设置为黑色并进行填充，效果如图 7-38 所示。

6．选择刚创建的黑色边沿，执行【编辑】→【拷贝】命令进行复制，然后回到调整过透明度的画布上，执行【编辑】→【粘贴】命令完成粘贴，移动位置到画布的最下方，如图 7-39 所示。

图7-37　复制选区

　　7. 执行【文件】→【存储为】命令，将文件保存为"小区鸟瞰.psd"，本例制作完
毕。

图7-38　创建黑色边沿

图7-39　复制黑色边沿

7.4 案例欣赏

图7-40　案例欣赏1

图7-41　案例欣赏2

图7-42　案例欣赏3

图7-43 案例欣赏4

图7-44 案例欣赏5

图7-45 案例欣赏6

图7-46　案例欣赏7

图7-47　案例欣赏8

图7-48　案例欣赏9

图7-49　案例欣赏10